应用型本科计算机类专业"十三五"规划教材
江苏省应用型高校计算机学科联盟组织编写

WEB开发技术实践教程

主　编　王红华　李　翔
副主编　章　慧
编　委　王媛媛　张海艳
　　　　陈　婷　陈应权

 南京大学出版社

图书在版编目(CIP)数据

WEB 开发技术实践教程 / 王红华,李翔主编. — 南京:南京大学出版社,2018.9(2021.7 重印)
应用型本科计算机类专业"十三五"规划教材
ISBN 978-7-305-20912-3

Ⅰ.①W… Ⅱ.①王… ②李… Ⅲ.①网页制作工具—高等学校—教材 Ⅳ.①TP393.092.2

中国版本图书馆 CIP 数据核字(2018)第 206443 号

出版发行	南京大学出版社
社　　址	南京市汉口路 22 号　　邮　　编　210093
出 版 人	金鑫荣
书　　名	**WEB 开发技术实践教程**
主　　编	王红华　李　翔
责任编辑	王秉华　王南雁　　编辑热线　025-83597482
照　　排	南京开卷文化传媒有限公司
印　　刷	南京鸿图印务有限公司
开　　本	787×1092　1/16　印张 10.75　字数 262 千
版　　次	2018 年 9 月第 1 版　2021 年 7 月第 2 次印刷
ISBN 978-7-305-20912-3
定　　价	27.80 元

网　　址:http://www.njupco.com
官方微博:http://weibo.com/njupco
官方微信号:njupress
销售咨询热线:(025)83594756

* 版权所有,侵权必究
* 凡购买南大版图书,如有印装质量问题,请与所购
　图书销售部门联系调换

前　言

近年来，随着信息技术的飞速发展，网络已成为主流媒体的重要组成元素，网站建设得到迅速发展，网页设计的相关技术和软件的功能也不断更新和丰富。

网站开发可分为 Web 前端开发和 Web 后台开发，其中 Web 前端开发主要包括 HTML 标记语言、CSS 层叠样式表、JavaScript 脚本语言、Photoshop 美工、Flash 网页动画制作等内容。本书作为高校网页制作与网站开发课程的实验指导书，侧重于 Web 前端开发，全书以 Visual Studio 2010、Photoshop CS5 和 Flash CS5 等为基本工具，详细介绍如何通过 Photoshop 设计网站的界面和图形，通过 Flash 制作网站的动画，以及通过 VS2010 编写网页代码。除此之外，本书详细还介绍 Web 标准化规范的相关知识，包括 XHTML 标记语言、CSS 样式表等。

本书共设置 15 个实验，主要包括站点的新建及发布、HTML 标签应用、使用 DIV、CSS 布局美化页面、使用 DHTML、JavaScript 制作菜单和完成注册页面、使用 Photoshop 制作网站 Logo 及切片布局网页、使用 Flash 制作网页动画、使用 VS2010 制作动态留言簿等实验。每个实验分为实验目的、实验内容及要求、实验步骤三大部分。实验目的明确了每个实验的目的和意义；实验内容及要求采用"任务驱动"设计方式，即先给出最终功能和效果，然后为实现该目标给出"实验步骤"，使学生"跟着走"。书中的每个实验和案例都是编者精心设计和选择的，是对实验内容的分析和思考，能引导学生从不同的角度去分析和理解实验内容，从而达到培养学生网页设计与网站开发的能力和提高学生综合素质的目的。

本书可作为高等学校计算机相关专业网页设计与网站开发课程的上机实验指导教材，也可作为对网页设计与网站开发有兴趣人员的自学参考书。

本书由长期工作在教学一线的多位教师共同编写完成，其中实验一由淮阴工学院张海艳老师编写，实验二、实验三、实验四、实验五由淮阴工学院章慧老师编写，实验六、实验七由淮阴工学院王媛媛老师编写，实验八、实验九、实验十、实验十三、实验十四由淮阴工学院王红华老师编写，实验十一、实验十二由淮阴工学院陈婷老师编写，实验十五由淮阴工学院李翔老师编写。全书由淮阴工学院陈应权老师负责统稿，并由王红华老师审定。

囿于编者水平，加之时间紧迫，书中难免有一些错误与不当之处，恳请广大读者批评指正。

编者
2018 年 6 月

目 录

实验一　使用 VS2010 新建站点及发布网站 ………………………………………… 1

实验二　HTML 基本标签的应用 …………………………………………………… 13

实验三　HTML 列表和表格标签的应用 …………………………………………… 25

实验四　HTML 框架网页与超级链接的应用 ……………………………………… 39

实验五　HTML 表单的应用 ………………………………………………………… 49

实验六　使用 DIV、CSS 创建页面布局 …………………………………………… 64

实验七　使用 DIV、CSS 创建基于母版的网页 …………………………………… 73

实验八　使用 DHTML、JavaScript 制作菜单 ……………………………………… 84

实验九　使用 DHTML、JavaScript 完成注册功能 ………………………………… 91

实验十　使用 Ajax 加载内容 ……………………………………………………… 110

实验十一　使用 Photoshop CS5 制作网站 Logo、Banner ………………………… 120

实验十二　使用 Photoshop CS5 切片布局网页 …………………………………… 129

实验十三　使用 Flash CS5 制作动画（一） ……………………………………… 136

实验十四　使用 Flash CS5 制作动画（二） ……………………………………… 145

实验十五　制作网站留言板 ………………………………………………………… 153

实验一　使用 VS2010 新建站点及发布网站

一、实验目的

（1）掌握 VS2010 的使用。
（2）掌握使用 VS2010 新建网站。
（3）掌握使用 VS2010 管理网站。
（4）掌握 IIS 的配置及站点的发布。
（5）掌握网站后台信息的修改。
（6）了解域名的申请。

二、实验内容及要求

站点是相关网页文档的集合，本实验内容为新建一个站点、管理站点、IIS 配置及站点的发布等。

根据要求新建站点，并发布已经做好的站点，站点首页如图 1-1 所示。本实验的素材在所配套实验素材 EX01 文件夹中。

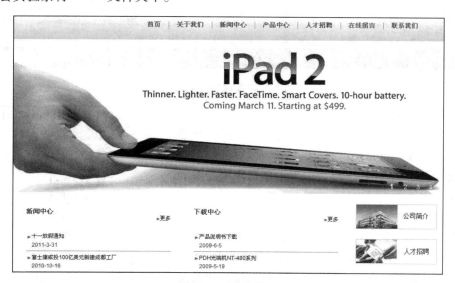

图 1-1　网站首页

三、实验步骤

本书主要以 Visual Studio 2010 为开发平台（以下简称 VS2010）设计网页。VS2010 提供了对本地站点强大的管理功能。建立新站点,是开发网站的第一步,下面介绍如何建立站点。

1 新建站点

(1) 新建本地站点

在 VS2010 中建立站点时可以选择新建项目或新建网站,本书以"新建项目"为例说明。

在 VS2010 中选择"文件"→"新建"→"项目"菜单,弹出"新建项目"对话框。在左侧"最近的母版"列表中选择"Visual C#"类型节点,在窗口右侧选择"ASP. NET Web 应用程序",在"名称"文本框中输入项目名称,例如"WebSite",单击"浏览"按钮选择合适的存储路径,单击"确定"按钮,创建一个新的 Web 项目。如图 1-2 所示。

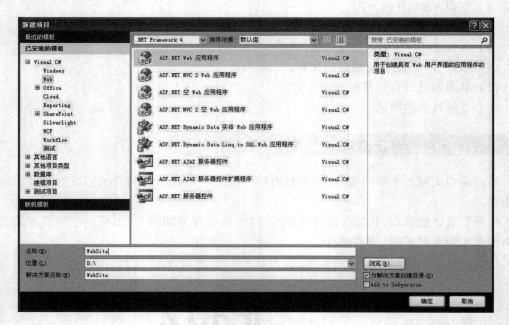

图 1-2 "新建项目"对话框

(2) Web 项目管理

创建了新的项目后,可以使用解决方案资源管理器对网站中的资源进行管理,如图 1-3 所示。例如,可以查看当前项目所包含的文件,也可以向项目中添加新的文件或文件夹。

1) 新建文件夹

例如,在如图 1-3 所示的解决方案资源管理器中,右键单击项目名称"WebSite",弹出快捷菜单,如图 1-4 所示。选择"添加"→"新建文件夹",将新建的文件夹命名为"Images",如图 1-5 所示。将网页设计过程中,可以复制所需图片,在解决方案资源管理器中右键单击"Images"文件夹,在弹出的快捷菜单中选择"粘贴",即可将所需图片复制到站点中。

图 1-3 解决方案资源管理器

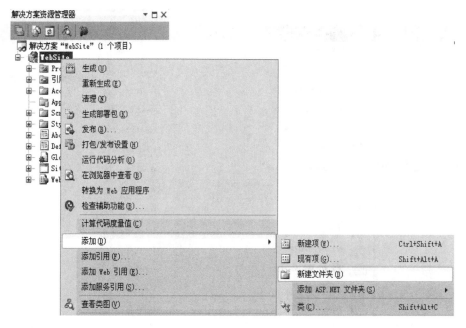

图 1-4 新建文件夹

图 1-5 新建 Images 文件夹

2）新建项

在图 1-4 中选择"新建项"，打开图 1-6 所示的对话框，选择"HTML 页"，在名称文本框内输入文件名，单击"添加"按钮即可向项目中添加一个新的静态页面，该页面的源文件如图 1-7 所示。

图1-6 新建静态页面

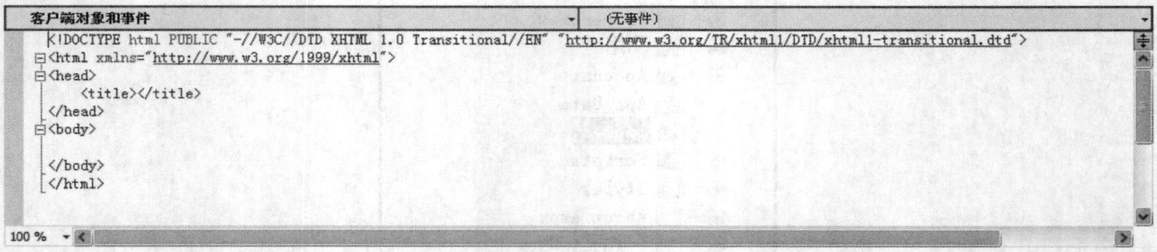

图1-7 新建的HTML页面

若在图1-8中"添加新项"对话框中选择"Web窗体",则可以向项目中添加一个动态页面。重命名新添加的文件,单击"添加"按钮即可向项目中添加一个新的动态页面。该页面的源文件如图1-9所示。

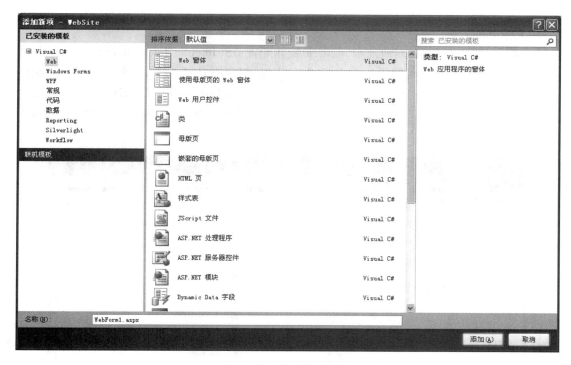

图 1-8 新建动态页面

图 1-9 新建的 Web 窗体

3) 在浏览器中查看页面运行效果

若需要在浏览器中预览设计好的页面，有以下几种方法：

可以执行"调试"→"启动调试"命令；可以在工具栏中单击图标 ▶ 运行程序；按下 F5 功能键；在需要测试的页面

图 1-10 在浏览器中预览页面

上单击鼠标右键，在弹出的快捷菜单中选择"在浏览器中查看"，如图 1-10 所示，则可在浏览器中预览该页面。

2 网站的发布

(1) IIS 的安装

要将设计好的网站在本地发布,需要安装并配置 IIS(Internet Information Server,互联网信息服务)。Windows 7 旗舰版自带 IIS7.0 安装包,但在默认情况下,安装 Windows 7 操作系统时不会自动启用 IIS 功能,使用时需要手动安装。安装配置 IIS7.0 的操作步骤如下:

① 进入 Windows 7 的控制面板,在界面右上方的"查看方式"中选择"小图标"显示,界面如图 1-11 所示。

图 1-11 所有控制面板项窗口

② 在图 1-11 中选择"默认程序",弹出窗口如图 1-12 所示。

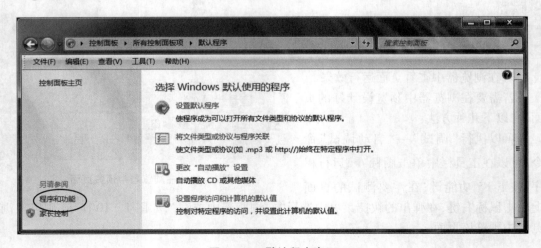

图 1-12 默认程序窗口

③ 在图 1-12 中选择"程序和功能",弹出窗口如图 1-13 所示。

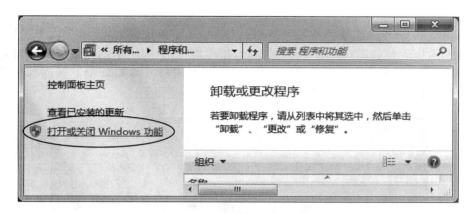

图 1-13　程序和功能窗口

④ 在图 1-13 中单击"打开或关闭 Windows 功能",在弹出的列表中选择"Internet 信息服务",建议全部勾选"Internet 信息服务",如图 1-14 所示。

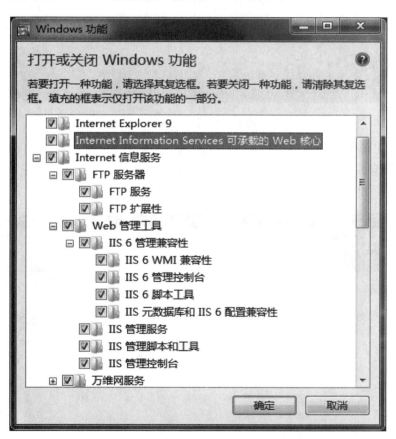

图 1-14　打开或关闭 Windows 功能窗口

（2）测试 IIS

IIS 安装完成后，可以使用以下方法进行测试：

打开浏览器，在地址栏输入本地计算机的地址，例如 http://localhost/（代表本地主机）或 http://127.0.0.1/（127.0.0.1 是回送地址，指本地机，一般用于测试使用）；若计算机位于局域网中，也可以输入本机的 IP 地址，例如"172.16.111.183"，若浏览器能够成功打开 IIS 默认网页，如图 1-15 所示，则 IIS 安装成功。

图 1-15　IIS7 默认页

（3）网站的发布

IIS 安装完成后，选择"打开控制面板"→"管理工具"→"Internet 信息服务（IIS）管理器"，打开如图 1-16 所示页面。

图 1-16　Internet 信息服务（IIS）管理器

单击左侧窗口"▷ ▪ᓰ OEM-20130107ESZ (OE",在弹出的列表中单击"▷ ⋯🖼 网站",再选中"▷ 🌐 Default Web Site",如图 1-17 所示。

图 1-17 默认网站界面

在图 1-17 中双击图标"🌐 ASP",即可显示 ASP 的设置内容,如图 1-18 所示,在"行为"组中将"启用父路径"设置为"True",单击界面右侧的"应用",完成 ASP 父路径的设置。

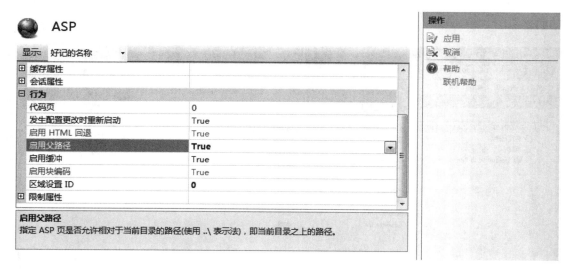

图 1-18 启用父路径

右键单击图 1-17 中左侧的"▷ 🌐 Default Web Site",选择"管理网站"→"高级设置",则弹出如图 1-19 所示界面。将图 1-19 中的"物理路径"设置为待发布网站的路径,设置好后单击"确定"按钮。

图1-19 高级设置窗口

在图1-17所示的界面内双击"默认文档",则打开如图1-20所示窗口,在该窗口设置网站的启动页。

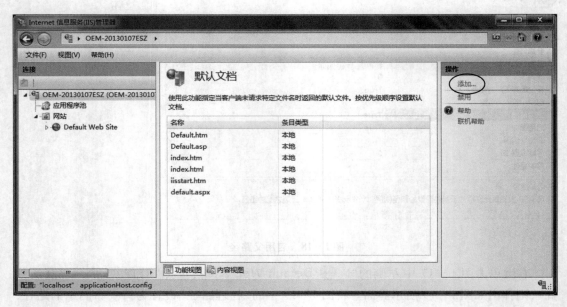

图1-20 默认文档窗口

若待发布网站的首页不在图 1-20 所示的默认文档中,单击"添加",弹出如图 1-21 所示界面,按要求设置。若待发布网站的首页已经存在默认文档中,则不再需要设置此项。

图 1-21 添加默认文档窗口

全部配置结束后,在浏览器中输入"http://localhost",即可打开该网站的默认网页,如图 1-22 所示。

图 1-22 网站首页

4 域名的申请

如想让网站对应一个域名,必须首先申请域名。申请域名可以在万网 www.net.cn 或者新网 www.dns.com.cn 上申请,本实验我们在新网上申请域名。打开新网,在网站主页的导航栏上单击"域名注册",如图 1-23 所示。

图 1-23 新网主页导航栏

注册域名之前需要查询该域名是否已经被注册,方法是在如图1-24所示的页面中"请输入您要查询的域名"文本框中输入要查询的域名,如"hyit",验证码按照实际数据来输入,同图1-24选中顶级域名前的复选框,单击"查询"按钮。

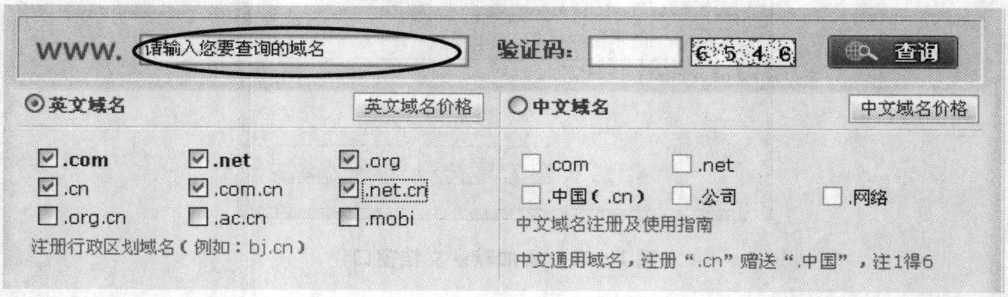

图1-24 查询域名界面

单击"查询"按钮后弹出如图1-25所示界面。该界面表示只用"hyit.org"尚未注册,若需注册,单击"立即注册"按钮,弹出如图1-26所示界面。若需注册,则按照提示继续进行。

图1-25 域名查询结果

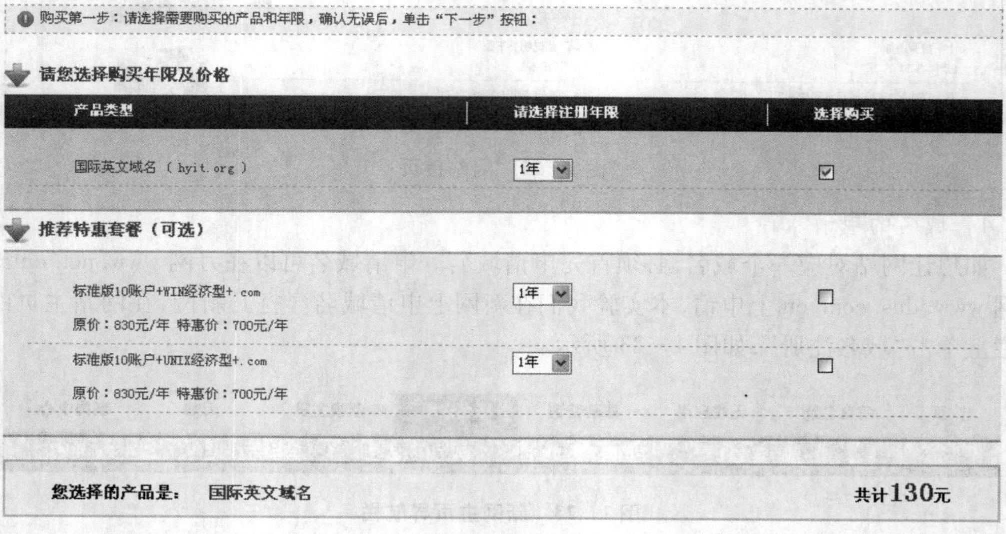

图1-26 注册域名

实验二 HTML 基本标签的应用

一、实验目的

（1）掌握 HTML 文档的基本结构。
（2）掌握 HTML 基本标签的语法和常用方法。
（3）运用 HTML 基本标签编写简单的 HTML 静态网页。

二、实验内容及要求

按照提示步骤完成 index.html 的页面基本设置；本实验的素材在所配套实验素材 EX02 文件夹中。

通过 HTML 代码编写同创科技有限公司 SL 系列笔记本产品简介的静态网页，学习使用 HTML 各种基本标签的使用方法，编写出最终效果如图 2-1、2-2 所示的 HTML 静态页面。

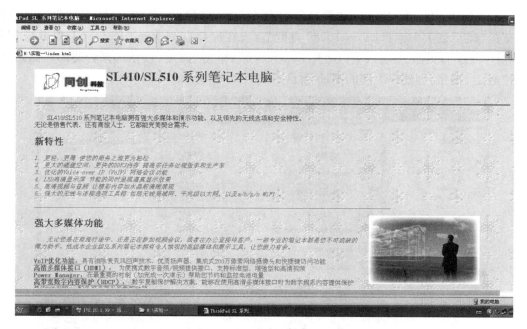

图 2-1 样本页面最终效果上半部分

图 2-2　样本页面最终效果下半部分

三、实验步骤

1. 页面基本设置

在 VS2010 中选择"文件"→"新建"→"项目"菜单,弹出"新建项目"对话框。在左侧"最近的母版"列表中选择"Visual C#"类型节点,在窗口右侧选择"ASP. NET Web 应用程序",在"名称"文本框中输入项目名称"exercise2",单击"浏览"按钮选择合适的存储路径,单击"确定"按钮,创建一个新的 Web 项目。如图 2-3 所示。

图 2-3　VS2010"新建项目"对话框

创建了新的项目后,可以使用解决方案资源管理器对网站中的资源进行管理,如图2-4所示。

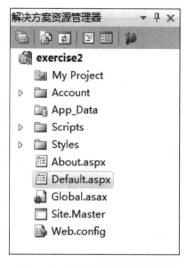

图 2-4　解决方案资源管理器

（1）新建文件夹

例如,在如图 2-4 所示的解决方案资源管理器中,右键单击项目名称"WebSite",弹出快捷菜单,如图 2-5 所示。选择"添加"→"新建文件夹",将新建的文件夹重新命名为"Images",如图 2-6 所示。在解决方案资源管理器中右键单击"Images"文件夹,拷贝实验素材"EX2 实例素材"中的"images"文件夹到"Images"文件夹。

图 2-5　新建文件夹

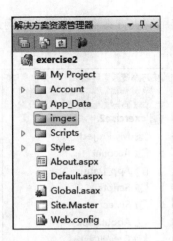

图2-6 新建 Images 文件夹

（2）新建项

在图2-6中选择"新建项"，打开如图2-7所示的对话框，选择"HTML页"，在名称文本框内输入文件名名称为 index.htm，单击"添加"按钮向项目中添加一个新的静态页面，该页面的源文件如图2-7所示。

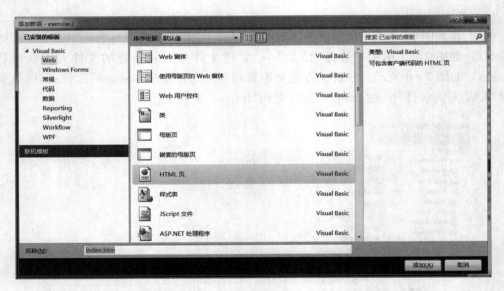

图2-7 新建静态页面

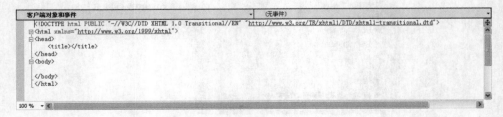

图2-8 新建的 HTML 页面

点击 VS2010 [设计][拆分][源] "设计"按钮切换到代码编写模式,分别对 index.html 页面进行一下设置:

设置页面关键字为:ThinkPad SL 系列笔记本介绍;
设置页面说明为:ThinkPad SL 系列笔记本电脑功能特性;
定义页面编辑工具为:VS2010;
设置作者信息为:同创科技有限公司;
设置页面文字和语言为:utf-8;
设置页面标题为:ThinkPad SL 系列笔记本电脑。
具体在 <head> </head> 之间加入如下代码:

```
<head>
    <meta name ="keywords" content ="ThinkPad SL 系列笔记本介绍"/> <!--设置页面关键字-->
    <meta name ="description" content ="ThinkPad SL 系列笔记本电脑功能特性" /> <!--设置页面说明-->
    <meta name ="generator" content =" VS2010" /> <!--定义页面编辑工具-->
    <meta name ="author" content ="同创科技有限公司" /> <!--设置作者信息题-->
    <meta http-equiv ="Content-Type" content ="text/html; charset =utf-8" /> <!--设置页面文字和语言-->
    <title>ThinkPad SL 系列笔记本电脑</title> <!--设置页面标题-->
</head>
```

2. 页面主体基本设置

在 <body> 标记内为 index.html 编写默认设置:背景颜色、背景图片、文字颜色、可连接文字颜色、正在连接文字颜色、已连接过文字颜色以及页面上边界和左边界的值。具体代码如下:

```
<body bgcolor ="#787878" background ="images/blank.gif" text ="#666666" link ="#0000CC" alink ="#0066CC" vlink ="#006666" topmargin ="100" leftmargin ="100">
```

进行页面基本设置和主体设置后的效果如图 2-9 所示。

图 2-9 页面基本设置和主体设置效果

3. 页面主体内容编写

应用 HTML 基本标签编写 <body> </body> 内容,编写过程所需要的文字材料在"EX2 实例素材\ThinkPad SL 系列笔记本介绍.txt"中,图片在"EX2 实例素材\images"文件夹中。编写过程中,可以随时切换到 VS2010 设计 设计 拆分 源 模式中查看效果,或者在操作系统浏览器(如:Internet Explorer)中浏览编写效果。

(1) 文本材料题头编写

在题头靠左插入同创科技有限公司 Logo,来自"EX2 自实例素材\\images\\top1.jpg",设置 Logo 图片大小为 200px∗65px,在 Logo 后居中位置插入文本材料标题"ThinkPad SL 系列笔记本介绍",并设置该标题为:标题 1,效果如图 2-10,具体代码如下:

<img src ="images/top1.jpg" align ="left" alt =" 公司 Logo" width ="200" height ="65" />

<h1 align ="left">ThinkPad SL 系列笔记本介绍 </h1>

图 2-10 插入 Logo 图片和标题后的效果

在 Logo 和材料标题后用
 标记换行后插入一条水平分割线,宽 1200px,粗 3px,插入后的效果如图 2-11,具体代码如下:

<p> <hr align ="center" width ="1200" size ="3" color ="#999999"/> </p>

图 2-11 插入水平分割线后的效果

(2) 编写文字材料的内容格式

① **首段格式设置**:

在段首用   标记空两个汉字位置,并且用
 实现换行。效果如图 2-12,代码如下:

<p>   ThinkPad SL 系列笔记本电脑拥有强大多媒体和演示功能,以及领先的无线选项和安全特性。
 无论是销售代表、还有商旅人士,它都能完美契合需求。</p>

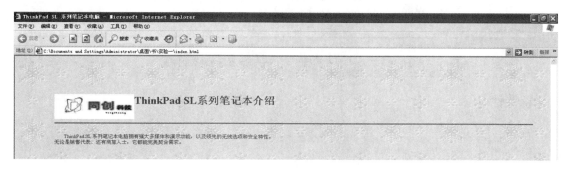

图 2-12 首段段落格式设置后的效果

② 第二段文字格式设置:

第二段文字内容如下:

新特性
1. 更轻,更薄 使您的商务之旅更为轻松;
2. 更大的磁盘空间,更快的 DDR3 内存 提高多任务处理效率和生产率;
3. 优化的 Voice over IP (VoIP) 网络会议功能;
4. LED 高清显示屏节能的同时呈现逼真显示效果;
5. 高清视频与音频让精彩内容如水晶般清晰展现;
6. 强大的无线与连接选项工具箱 包括无线局域网、千兆级以太网,以及 a/b/g/n WiFi。

将"新特性"设置为标题 2,对 1—6 个新特性项目字分别设置段落、字体、换行、斜体。效果如图 2-13 所示,代码如下:

<h2>新特性</h2>

<p> <font face ="宋体" size ="3" color ="#999999"> <i>

1. 更轻,更薄 使您的商务之旅更为轻松
2. 更大的磁盘空间,更快的 DDR3 内存 提高多任务处理效率和生产率
3. 优化的 Voice over IP (VoIP) 网络会议功能
4. LED 高清显示屏节能的同时呈现逼真显示效果 <br/ >
5. 高清视频与音频让精彩内容如水晶般清晰展现
6. 强大的无线与连接选项工具箱 包括无线局域网、千兆级以太网,以及 a/b/g/n WiFi。

</i> </font> </p>

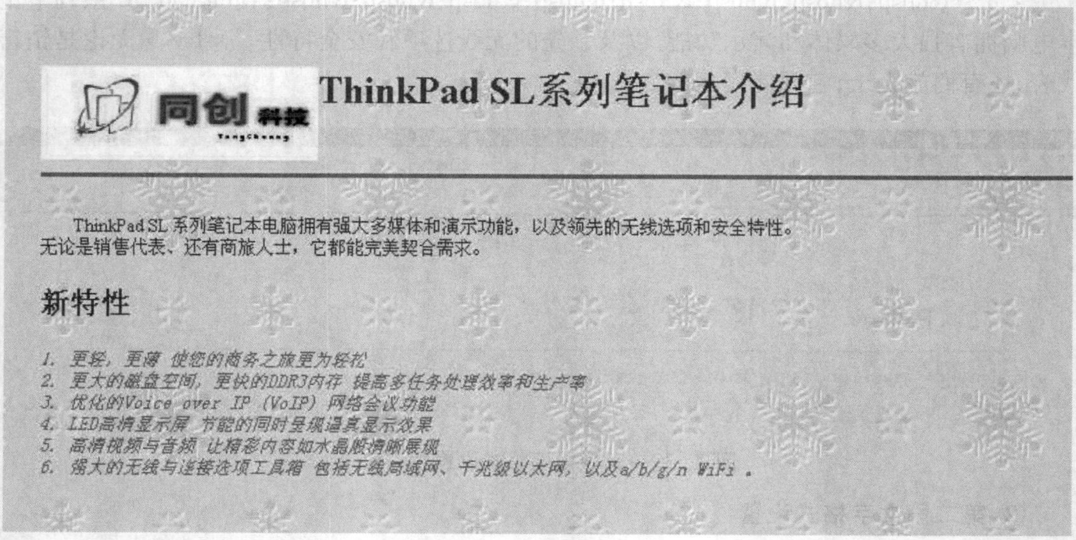

图 2-13　第二段落格式设置后的效果

③ 第三段文字材料设置：

第三段文字内容如下：

> 强大多媒体功能
> 　　无论您是在商旅行途中、还是正在参加视频会议，或者在办公室接待客户，一部专业的笔记本都是您不可或缺的得力助手。低成本企业级 SL 系列笔记本拥有令人惊叹的高级媒体和展示工具，让您游刃有余。
> 　　➢ VoIP 优化功能：具有消除麦克风回声技术、优质扬声器、集成式 200 万像素网络摄像头和快捷键访问功能；
> 　　➢ 高清多媒体接口（HDMI）：为便携式数字音频/视频提供接口，支持标准型、增强型和高清视频；
> 　　➢ Power Manager：在最重要的时刻（如完成一次演示）帮助您节约和监控电池电量；
> 　　➢ 高带宽数字内容保护（HDCP）：数字复制保护解决方案，能够在使用高清多媒体接口时为数字娱乐内容提供保护；
> 　　➢ 集成 DVD 光驱：配备可选蓝光光盘驱动器。

首先在第二段和第三段之间插入一水平分割线：宽 900px，粗 1px，颜色：#999999，并且使水平分割线居左。

在水平线右侧插入一图片，图片 1.jpg 居右，大小为 200*150px，利用 hspace 和 vspace 属性设置图片四周文字的距离，设置图片 alt（未载入显示文字）和 title（鼠标悬停显示文字）属性，效果如图 2-14，代码如下：

```
<hr align="left" width="900" size="1" color="#999999"/>
<img src="images/1.jpg" width="200" height="150"  hspace="20" vspace="10" align="right" alt="正在载入中" title="强大多媒体功能"/>
<!--把1.jpg名称改为10.jpg等imges里面没有的图片，就能看到alt属性的效果-->
```

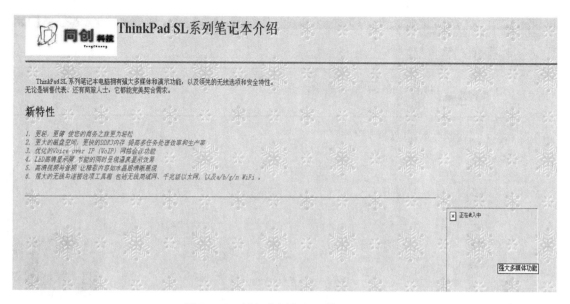

图 2-14 插入分割线和图片后的效果

设置第三段各种格式包括:段落、字体、加粗、下划线、换行,具体设置见下面代码,效果如图 2-15。

<h2>强大多媒体功能 </h2>

<font face ="宋体" size ="3" color ="#999999"> <p>

< p > < em >   无论您是在商旅行途中、还是正在参加视频会议,或者在办公室接待客户,一部专业的笔记本都是您不可或缺的得力助手。低成本企业级 SL 系列笔记本拥有令人惊叹的高级媒体和展示工具,让您游刃有余。< /em > < /p >

< strong > < u >VoIP 优化功能:< /u > < /strong >具有消除麦克风回声技术、优质扬声器、集成式 200 万像素网络摄像头和快捷键访问功能 < br / >

< strong > < u >高清多媒体接口(HDMI):< /u > < /strong > 为便携式数字音频/视频提供接口,支持标准型、增强型和高清视频 < br / >

< strong > < u > Power Manager:< /u > < /strong >在最重要的时刻(如完成一次演示)帮助您节约和监控电池电量 < br / >

< strong > < u >高带宽数字内容保护(HDCP):< /u > < /strong > 数字复制保护解决方案,能够在使用高清多媒体接口时为数字娱乐内容提供保护 < br / >

< strong > < u > 集成 DVD 光驱:< /u > < /strong > 配备可选蓝光光盘驱动器 < /p > < /font >

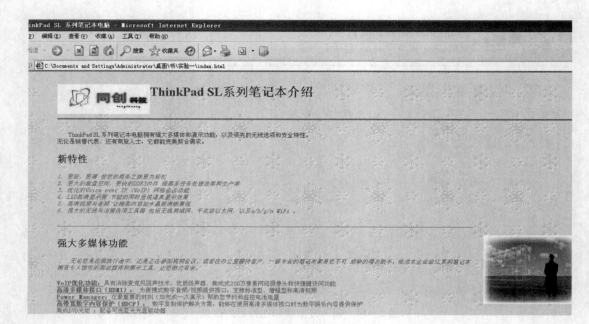

图 2-15　第三段落格式设置后的效果

④ 第四段文字格式设置：

第四段文字内容如下：

> 内置解决方案与安全性能
>
> 　　面对无孔不入的安全风险,您将如何应对? SL 系列笔记本配备了领先的企业级安全技术设备. 无论是计算应用、还是远程视频会议或是商务旅行中都将为您的企业信息提供严密保护. 选定型号具备以下一项或多项安全选项：
>
> 　　➢ 集成指纹识别器：曾为记住密码而劳神费力? 现在您只需轻刷手指即可获得生物指纹识别的身份验证；
>
> 　　➢ 安全商务：包括 ThinkPad Protection、在线数据备份和第二个工作日上门服务.

　　同样在第三段和第四段之间插入一水平分割线：宽 900px，粗 1px，颜色：#999999，并且使水平分割线居左。

　　在水平线右侧插入一图片，图片 2.jpg 居左，大小为 200 * 150px，hspace 和 vspace 属性设置 20 和 5。

　　设置第四段各种格式包括：段落、字体、加粗、斜体、换行，具体设置见代码，（注意：二、三、四段分别用了不同的斜体标记 <i>、<u>、<cite>）效果如图 2-15 代码如下：

　　<hr align ="left" width ="900" size ="1" color ="#999999"/> <img src ="images/2.jpg" width ="200" height ="150" hspace ="20" vspace ="5" align ="left"/>

　　<h2>内置解决方案与安全 </h2>

　　<p> <font face ="宋体" size ="3" color ="#999999"> <p> <cite>

    面对无孔不入的安全风险,您将如何应对? SL 系列笔记本配备了领先的企业级安全技术设备。无论是计算应用、还是远程视频会议 < br/ > 或是商务

旅行中都将为您的企业信息提供严密保护.选定型号具备以下一项或多项安全选项：</cite> </p>

    <strong>集成指纹识别器：</strong>曾为记住密码而劳神费力？现在您只需轻刷手指即可获得生物指纹识别的身份验证。

    <strong>安全商务：</strong>包括 ThinkPad Protection、在线数据备份和第二个工作日上门服务。
 </font> </p>

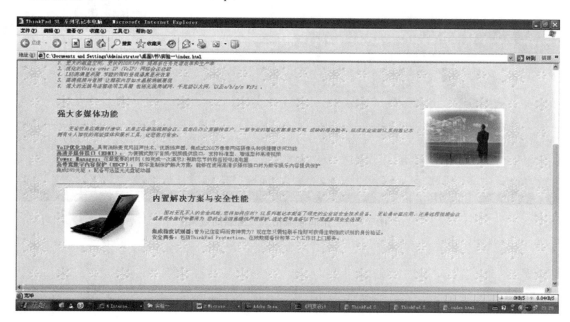

图 2-16　第四段落格式设置后的效果

（3）编写页面页脚

插入一水平分割线：宽 1200px、粗 2px，颜色为 #999999，代码如下：

<hr align ="center" width ="1200" size ="2" color ="#999999"/>

插入一层标记 <div>，在层区域内输入页面版权等信息："版权所有:同创科技有限公司 | 2011—2020 | 苏 ICP 备 017513"，并且使版权信息在层中居中显示，同时设置版权信息字体,效果如图 2-16,代码如下：

<div align ="center"> <font size ="2" color ="#999999" face ="新宋"> 版权所有:同创科技有限公司 | 2011—2020 | 苏 ICP 备 017513 </font> </div>

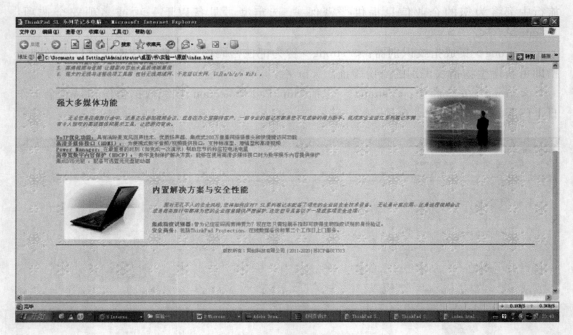

图 2-17　第四段落格式设置后的效果

实验三　HTML列表和表格标签的应用

一、实验目的

(1) 掌握列表和表格基本标签的使用方法。
(2) 掌握有序列表、无序列表、自定义列表以及嵌套列表的使用方法。
(3) 会应用表格表达数据。
(4) 掌握表格及单元格的属性设置。
(5) 掌握用表格进行网页布局。

二、实验内容及要求

参照图3-1所示页面,根据要求用HTML代码编写有关列表的网页。本实验的素材在所配套实验素材EX03文件夹中。

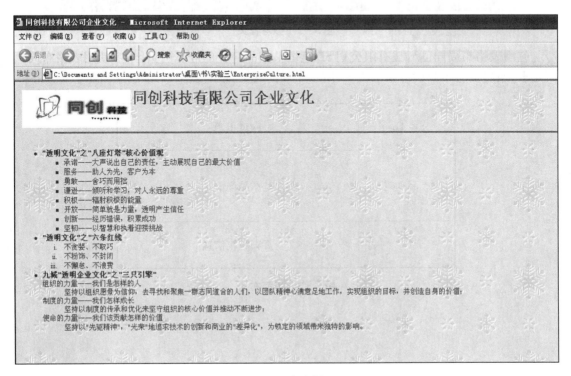

图3-1　参考样页

参照页面(图 3-2)按照提示步骤,用 HTML 代码编写有关用表格表达数据内容的静态网页。

同创科技有限公司2010年销售统计汇总

类别	项目	是否完成	销售收入(万元)
软件开发	软件外包项目	是	￥325.0
	对内定向项目	是	￥205.0
	市场项目	是	￥100.0
IT产品销售	电脑销售	是	￥60.0
	数码销售	是	￥40.0
	网络产品	是	￥50.0
培训服务	校企合作	是	￥20.0
	企业培训	是	￥80.0
		总计:	￥880.0

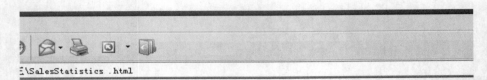

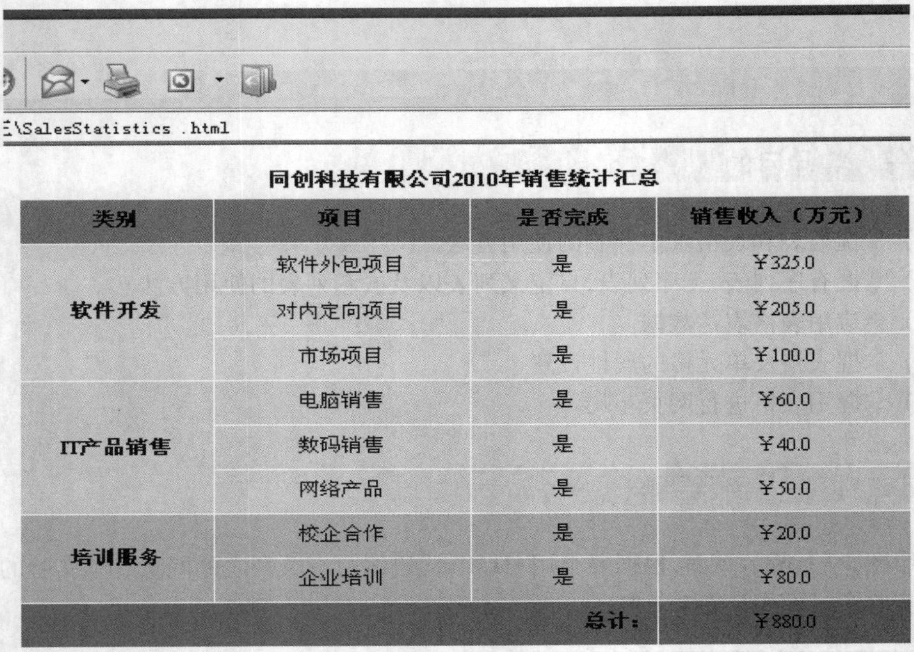

图 3-2　参考样页

应用表格布局同创科技有限公司 SL 笔记本产品简介的静态网页,学习使用表格布局页面元素,通过实验步骤设计如图 3-3 所示布局的网页,最终效果如图 3-4 所示。

公司 Logo	网页主题
产品列表	产品详情
	页脚版权信息

图 3-3　页面布局

实验三　HTML 列表和表格标签的应用

图3-4　样本网页

三、实验步骤

1. 设计列表页面（主题：同创科技企业文化）

（1）页面基本信息编写

在 VS2010 中选择"文件"→"新建"→"项目"菜单，弹出"新建项目"对话框。在左侧"最近的母版"列表中选择"Visual C#"类型节点，在窗口右侧选择"ASP.NET Web 应用程序"，在"名称"文本框中输入项目名称"exercise3"，单击"浏览"按钮选择合适的存储路径，单击"确定"按钮，创建一个新的 Web 项目。

在解决方案资源管理器中，右击项目名称"exercise3"，弹出快捷菜单，选择"添加"→"新建文件夹"，将新建的文件夹重新命名为"Images"，右击"Images"文件夹，拷贝实验素材"EX2 实例素材"中的"images"文件夹到"Images"文件夹。

在解决方案资源管理器中，右击项目名称"exercise3"，弹出快捷菜单，选择"添加"→"新建项"，选择"HTML 页"，在名称文本框内输入文件名为 EnterpriseCulture.html，单击"添加"按钮向项目中添加一个新的静态页面。

点击 VS2010 ◨ 设计　◨ 拆分　◨ 源 "源"按钮切换到代码编写模式，分别对 EnterpriseCulture.html 页面进行以下设置：

设置页面标题为：同创科技有限公司企业文化；

设置页面主体基本信息：背景图片、默认字体颜色；

为页面设计题头：插入 Logo、插入水平分割线。

效果如图 3-5 所示,代码如下:

```html
<html>
  <head>
    <meta http-equiv ="Content-Type" content ="text/html; charset =utf-8" />
    <title>同创科技有限公司企业文化</title>
  </head>
  <body  background ="images/blank.gif" text ="#666666"  >
    <img src ="images/top1.jpg" align ="left"   alt ="公司 Logo"   width ="200" height ="65" />
      <h1 align ="left">同创科技有限公司企业文化  </h1> <br/>
      <hr align ="center" width ="1200" size ="3" color ="#999999"/> <br/>
  </body>
</html>
```

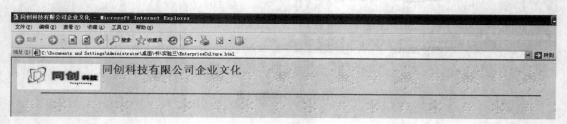

图 3-5　页面基本信息效果

(2) 插入无序列表

应用无序列表 <ul> </ul> 表达 EX3 中的文件"同创科技有限公司企业文化.txt"的第一段文字,并设置无序列表的序号类型为正方形项目符号:□,效果如图 3-6 所示,代码如下:

```html
<strong>"透明文化"之"八座灯塔"核心价值观 </strong> <br/>
<ul type ="square">
    <li>承诺——大声说出自己的责任,主动展现自己的最大价值 </li>
    <li>服务——助人为先,客户为本 </li>
    <li>勇敢——舍巧而用拙 </li>
    <li>谦逊——倾听和学习,对人永远的尊重 </li>
    <li>积极——辐射积极的能量 </li>
    <li>开放——简单就是力量,透明产生信任 </li>
    <li>创新——经历错误,积累成功 </li>
    <li>坚韧——以智慧和执着迎接挑战 </li>
</ul>
```

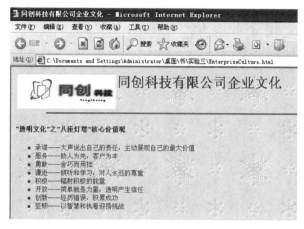

图3-6 第一段文字无序列表

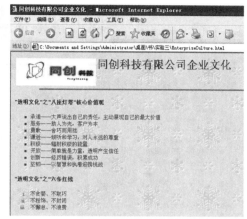

图3-7 第二段文字有序列表

(3) 插入有序列表

应用有序列表 <ol></ol> 表达 EX3 中的文件"同创科技有限公司企业文化.txt"的第二段文字,并设置有序列表的序号类型为 i,效果如图3-7所示,代码如下:

"透明文化"之"六条红线
<ol type="i">
  <li>不贪婪、不取巧 </li>
  <li>不粉饰、不封闭 </li>
  <li>不懈怠、不浪费 </li>
</ol>

(4) 插入定义列表

应用定义列表 <dl></dl> 表达 EX3 中的文件"同创科技有限公司企业文化.txt"的第三段段文字,效果如图3-8所示,代码如下:

九城"透明企业文化"之"三只引擎"
<dl>
  <dt>组织的力量——我们是怎样的人 </dt>
  <dd>坚持以组织愿景为信仰,去寻找和聚集一群志同道合的人们,以团队精神心满意足地工作,实现组织的目标,并创造自身的价值; </dd>
  <dt>制度的力量——我们怎样成长 </dt>
  <dd>坚持以制度的传承和优化来坚守组织的核心价值并推动不断进步; </dd>
  <dt>使命的力量——我们该贡献怎样的价值 </dt>
  <dd>坚持以"先驱精神","光荣"地追求技术的创新和商业的"差异化",为锁定的领域带来独特的影响. </dd>
</dl>

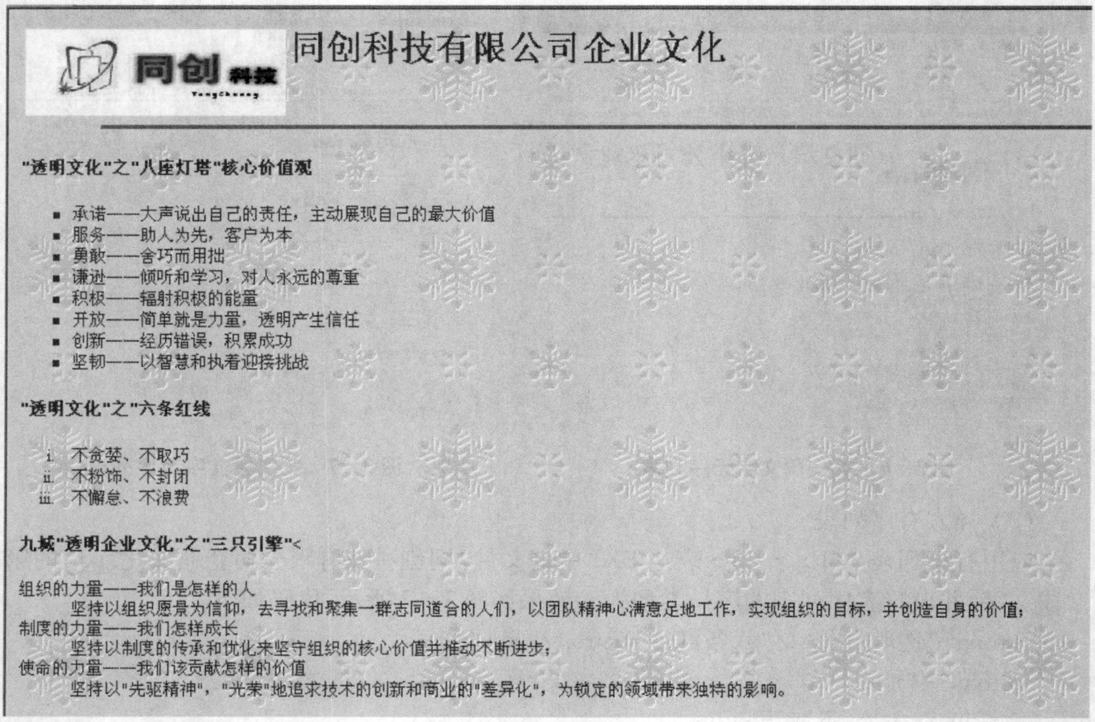

图3-8 第三段自定义列表

(5) 插入嵌套列表

应用无序列表<ul></ul>将EX3中的文件"同创科技有限公司企业文化.txt"三段文字小标题设置成为无序列表,列表的序号类型为默认值,并使(2)(3)(4)所建立的列表嵌套入本无序列表,效果如图3-9所示,代码如下:

```
<ul>
        <li> <strong>"透明文化"之"八座灯塔"核心价值观 </strong> </li> <br/>
            <ul type="square">
            ……………………
            </ul>
        <li> <strong>"透明文化"之"六条红线 </strong> </li> <br/>
            <ol type="i">
            ……………………
            </ol>
        <li> <strong>九城"透明企业文化"之"三只引擎" </strong> </li> <br/>
            <dl>
            ……………………
            </dl>
</ul>
```

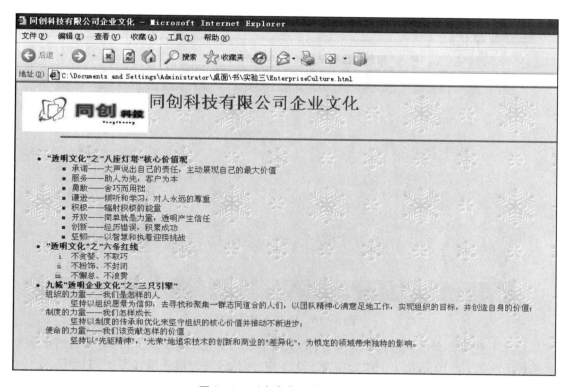

图 3-9 列表嵌套后的总体效果

2. 用表格表达数据内容

在解决方案资源管理器中,右击项目名称"exercise3",弹出快捷菜单,选择"添加"→"新建项",选择"HTML 页",在名称文本框内输入文件名为 SalesStatistics.html,单击"添加"按钮向项目中添加一个新的静态页面。

点击 VS2010 □设计 □拆分 □源 "源"按钮切换到代码编写模式,将 EnterpriseCulture.html 的页面设置标题为:同创科技有限公司 2010 年销售统计,代码如下:

<title>同创科技有限公司 2010 年销售统计 </title>

用 HTML 代码编写表格:10 行 * 4 列;带标题;带水平表头和垂直表头;并设置表格的宽为 542px 高为 313;表格的对齐方式、边框线条大小、边框颜色等等以及单元格的各种属性具体见程序清单。效果如图 3-10 所示。

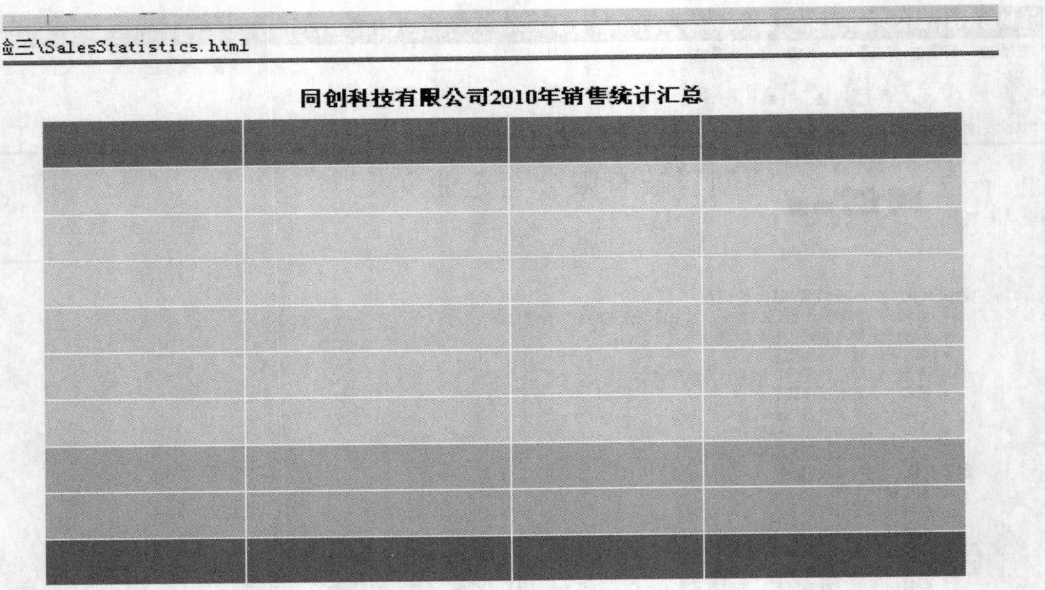

金三\SalesStatistics.html

同创科技有限公司2010年销售统计汇总

图 3-10　10 行 4 列带表格

将第 1 列第 2 个单元格跨 2、3、4 行;第 1 列第 3 个单元格跨 5、6、7 行;第 1 列第 4 个单元格跨 8、9 行;第 10 行第 1 个单元格跨 1、2、3 列,跨行设置完成效果如图 3-11 所示。

同创科技有限公司2010年销售统计汇总

图 3-11　跨行跨列设置完成效果

按照样本图 3-2 所示,在表格中填入内容数据。代码如下:

```
<!-- SalesStatistics.html 代码-->
<!DOCTYPE html PUBLIC "-//W3C//DTD XHTML 1.0 Transitional//EN" "http://www.w3.org/TR/xhtml1/DTD/xhtml1-transitional.dtd">
```

```html
<html xmlns ="http://www.w3.org/1999/xhtml">
<head>
<meta http-equiv ="Content-Type" content ="text/html; charset =utf-8" />
<title>同创科技有限公司 2010 年销售统计 </title>
</head>
<body>
<p align ="center">
<table width ="542" height ="313" border ="0.5" align ="center" bordercolor ='#A6B9F0' cellpadding ="2" cellspacing ="1">
<caption>
<strong>同创科技有限公司 2010 年销售统计汇总 </strong>
</caption>
    <tr bgcolor ="#77B6CE">
        <th width ="113" align ="center" valign ="middle" bgcolor ="#A7A7A7" scope ="col">类别 </th>
        <th width ="151" align ="center" valign ="middle" bgcolor ="#A7A7A7" scope ="col">项目 </th>
        <th width ="108" align ="center" valign ="middle" bgcolor ="#A7A7A7" scope ="col">是否完成 </th>
        <th width ="149" align ="center" valign ="middle" bgcolor ="#A7A7A7" scope ="col">销售收入(万元) </th>
    </tr>
    <tr>
        <th rowspan ="3" align ="center" valign ="middle" bgcolor ="#EFEBEF" scope ="row">软件开发 </th>
        <td align ="center" valign ="middle" bgcolor ="#EFEBEF">软件外包项目 </td>
        <td align ="center" valign ="middle" bgcolor ="#EFEBEF">是 </td>
        <td align ="center" valign ="middle" bgcolor ="#EFEBEF">￥325.0 </td>
    </tr>
    <tr>
        <td align ="center" valign ="middle" bgcolor ="#EFEBEF">对内定向项目 </td>
        <td align ="center" valign ="middle" bgcolor ="#EFEBEF">是 </td>
        <td align ="center" valign ="middle" bgcolor ="#EFEBEF">￥205.0 </td>
    </tr>
    <tr>
        <td align ="center" valign ="middle" bgcolor ="#EFEBEF">市场项目 </td>
        <td align ="center" valign ="middle" bgcolor ="#EFEBEF">是 </td>
        <td align ="center" valign ="middle" bgcolor ="#EFEBEF">￥100.0 </td>
    </tr>
```

```html
        <tr>
            <th rowspan ="3" align ="center" valign ="middle" bgcolor ="#DCEBF3" scope ="row">IT 产品销售 </th>
            <td align ="center" valign ="middle" bgcolor ="#DCEBF3">电脑销售 </td>
            <td align ="center" valign ="middle" bgcolor ="#DCEBF3">是 </td>
            <td align ="center" valign ="middle" bgcolor ="#DCEBF3">￥60.0 </td>
        </tr>
        <tr>
            <td align ="center" valign ="middle" bgcolor ="#DCEBF3">数码销售 </td>
            <td align ="center" valign ="middle" bgcolor ="#DCEBF3">是 </td>
            <td align ="center" valign ="middle" bgcolor ="#DCEBF3">￥40.0 </td>
        </tr>
        <tr>
            <td align ="center" valign ="middle" bgcolor ="#DCEBF3">网络产品 </td>
            <td align ="center" valign ="middle" bgcolor ="#DCEBF3">是 </td>
            <td align ="center" valign ="middle" bgcolor ="#DCEBF3">￥50.0 </td>
        </tr>
        <tr>
            <th rowspan ="2" align ="center" valign ="middle" bgcolor ="#D6D7D6" scope ="row">培训服务 </th>
            <td align ="center" valign ="middle" bgcolor ="#D6D7D6">校企合作 </td>
            <td align ="center" valign ="middle" bgcolor ="#D6D7D6">是 </td>
            <td align ="center" valign ="middle" bgcolor ="#D6D7D6">￥20.0 </td>
        </tr>
        <tr>
            <td align ="center" valign ="middle" bgcolor ="#D6D7D6">企业培训 </td>
            <td align ="center" valign ="middle" bgcolor ="#D6D7D6">是 </td>
            <td align ="center" valign ="middle" bgcolor ="#D6D7D6">￥80.0 </td>
        </tr>
        <tr>
            <th colspan ="3" align ="right" valign ="middle" bgcolor ="#999999" scope ="row">总计: </th>
            <td align ="center" valign ="middle" bgcolor ="#999999">￥880.0 </td>
        </tr>
    </table>
    </p>
    </body>
    </html>
```

3. 应用表格布局页面

(1) 页面基本信息编写

在解决方案资源管理器中,右击项目名称"exercise3",弹出快捷菜单,选择"添加"→"新建项",选择"HTML 页",在名称文本框内输入文件名为 goods.html,单击"添加"按钮向项目中添加一个新的静态页面。

点击 VS2010 设计 拆分 源 "源"按钮切换到代码编写模式,分别对 goods.html 页面进行以下设置:

页面标题:同创科技有限公司热门产品展示;

页面背景图片:images/blank.gif。

(2) 插入布局表格

在页面主体部分插入布局表格,设置表格宽度为:1000,;边框宽度:0;代码如下:

<table width ="1000" border ="0"> </table>

(3) 布局公司 Logo 和网页主题

在步骤(2)所建的表格中插入第 1 行,并在第 1 行建立两个单元格,设置第 1 个单元格宽 240、高 100;第 2 个单元格宽 850、水平对齐方式为 center、垂直对齐方式为 bottom。

分别为两个单元格插入内容:第 1 个单元格插入图片来自 EX3 实例素材/images/top1.jpg(宽 210,高 92);第 2 个单元格插入文字:"同创科技有限公司热门产品展示",并设置为标题 1。

插入第 2 行,建立跨 2 列的一个单元格,并在单元格中插入一个水平分割线,线粗为 3,完成后效果如图 3-12 所示。代码如下:

<tr>
<td width ="240" height ="100"> <img src ="images/top1.jpg" width ="210" height ="92" /> </td>
<td width ="850" align ="center" valign ="bottom">
<h1>同创科技有限公司热门产品展示 </h1> </td>
</tr>
<tr>
<td colspan ="2"> <hr size ="3"> <td>
</tr>

图 3-12 布局公司 Logo 和网页主题

(4) 布局产品列表

为第(3)步骤所建表格插入第 3 行,在第 3 行第 1 个单元格内用无序列表表达"本月热卖 TOP5",并适当设置单元格属性和文字属性,所需文字来自"EX3 实例素材\同创科技产品展示素材.doc,"效果如图 3-13 所示。第 3 行第一个单元格代码如下:

```
<tr>
<td height ="350" valign ="top" bgcolor ="#D9D9D9">
    <p>  <font color ="#FF0000" size =" +2.5" face ="楷体">本月热卖 TOP5:</font> </p>
    <ul>
    <p> <li>联想 ThinkPad SL410k  </li> </p>
      <p> <li>联想 ThinkPad E40k  </li> </p>
      <p> <li>联想 ThinkPad SL410k </li> </p>
      <p> <li>联想 ThinkPad X201i  </li> </p>
      <p> <li> 联想 ThinkPad T410i  </li> </p>
    </ul> </td> </tr>
```

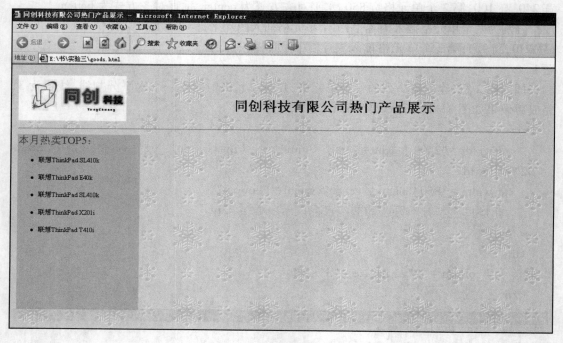

图 3-13 布局左栏产品列表

(5) 布局产品详情

在第 3 行建立第 2 个单元格,再在此单元格嵌套一表格 3 行 3 列的表格,宽 835,高 222,边框宽度为 0,适当设置单元格大小,表达 3 个产品的产品详情。所需文字来自"EX3 实例素材\同创科技产品展示素材.doc",图片来自"EX3 实例素材\images",效果如图 3-14 所示。第 3 行第 2 个单元格代码如下:

```html
        <tr>
          <td valign="top">
          <table width="835" height="222" border="0">
            <tr>
              <td width="169" height="97"> <img src="images/ceLEEnBQi28w.jpg" width="111" height="82" /> </td>
              <td width="523"> <p> <strong>联想 ThinkPad E40(0578MDC) </strong> <br />
                所属: 联想 ThinkPad E40 系列屏幕尺寸: 14 英寸 16:9 处理器型: Intel 酷睿 i3 380M 处理器主: 2.53GHz 内存容量: 2GB DDR3 1066MHz 硬盘容量: 320GB 5400 转, SATA 显卡芯片: ATI Mobility Radeon HD 操作系统: Windows 7 </p> </td>
              <td width="129"> ￥4560 2011-03-07 </td>
            </tr>
            <tr>
              <td height="97"> <img src="images/cez1d8KrxpGU.jpg" width="120" height="90" /> </td>
              <td> <p> <strong>联想 ThinkPad E40(019957C) </strong> </p>
                <p>所属: 联想 ThinkPad E40 系列屏幕尺寸: 14 英寸 16:9 处理器型: AMD 速龙 II P340 处理器主: 2.2GHz 内存容量: 2GB DDR3 1333MHz 硬盘容量: 320GB 5400 转, SATA 显卡芯片: ATI Mobility Radeon HD 操作系统: DOS </p> </td>
              <td> ￥3999 2011-03-07 </td>
            </tr>
            <tr>
              <td height="97"> <img src="images/cewKM6BwWs3uw.jpg" width="120" height="90" /> </td>
              <td> <p> <strong>联想 ThinkPad SL410k(2842K5C) </strong> </p>
                <p>所属: 联想 ThinkPad SL410 系列屏幕尺寸: 14 英寸 16:9 处理器型: Intel 奔腾双核 T4500 处理器主: 2.3GHz 内存容量: 1GB DDR3 1066MHz 硬盘容量: 250GB 5400 转, SATA 显卡芯片: Intel GMA X4500 操作系统: DOS </p> </td>
              <td> ￥3250 2011-03-03 </td>
            </tr> </table> </td>
```

图 3-14 布局产品详情

（6）布局页脚版权信息

为布局表格插入第 4 行，并在第 4 行，建立两个单元格，单元格高度为 50，在第 4 行第 2 个单元格插入图片来自"EX3 实例素材\images\bottom.gif"，适当设置图片的大小，整个页面最终效果如图 3-14 所示，第 4 行代码如下：

```
<tr>
    <td height ="50">  </td>
    <td> <img src ="images/bottom.gif" width ="943" height ="70" /> </td>
</tr>
```

实验四　HTML 框架网页与超级链接的应用

一、实验目的

（1）熟练掌握框架基本标签；
（2）理解并熟悉框架集的各种属性标记，会应用嵌入式框架布局网页；
（3）理解浮动框架的概念，掌握应用浮动框架的方法；
（4）熟练掌握超级链接的基本标签；
（5）能熟练使用超级链接的锚点链接、内部链接、外部链接。

二、实验内容及要求

应用嵌套框架布局如图 4-1 所示的静态网页，要求使用 html 代码编写生成，通过实验步骤设计最终效果如图 4-2 所示的网页，本实验的素材在所配套实验素材 EX04 文件夹中。

"EX4\temp\iframe_src.html"页面效果如图 4-3 所示，在页面右中部位设置浮动窗体，使该浮动窗体显示本实验素材"EX4 实例素材\right.html"的内容，最终效果如图 4-3 所示。

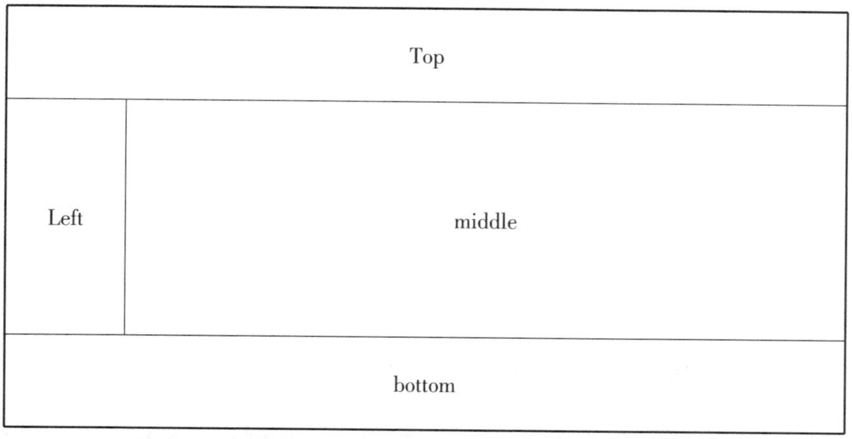

Top	
Left	middle
	bottom

图 4-1　参考样页

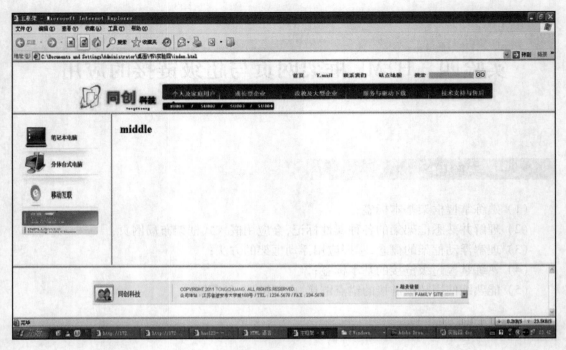

图 4-2 参考样页

图 4-3 iframe_src.html 素材页面

按照步骤,用 HTML 代码编写,为图 4-2 所示的网页添加所需超级链接。

三、实验步骤

1. 应用嵌套框架布局网页

（1）新建网页

在 VS2010 中选择"文件"→"新建"→"项目"菜单，弹出"新建项目"对话框。在左侧"最近的母版"列表中选择"Visual C#"类型节点，在窗口右侧选择"ASP. NET Web 应用程序"，在"名称"文本框中输入项目名称"exercise 4"，单击"浏览"按钮选择合适的存储路径，单击"确定"按钮，创建一个新的 Web 项目。

在解决方案资源管理器中，右击项目名称"exercise 4"，弹出快捷菜单，选择"添加"→"新建项"，选择"HTML 页"，在名称文本框内输入文件名为 index. html，单击"添加"按钮向项目中添加一个新的静态页面。

点击 VS2010 □设计 □拆分 □源 "源"按钮切换到代码编写模式，设置 index. html 标题为主框架。

（2）水平分割三行框架

在 index. html 文件内用 html 编写代码分割窗口为三行，并设置框架的分割值（rows）、是否有边框（frameborder）、边框宽度（border）、框架空白间距（framespacing）、边框颜色（bordercolor）、是否可改变大小（noresize）等属性，水平分割的三个窗口页面文件分别保存在实验素材"EX4 实例素材\\top. html、middle. html、bottom. html"效果如图 4 - 4 所示，代码如下：

```
<head>
<meta http-equiv ="Content-Type" content ="text/html; charset =utf-8" />
<title> 主框架 </title>
</head>
<frameset rows ="20% , 60% , 20% " frameborder ="yes" border ="5" framespacing ="2" bordercolor ="#F5F5F5"　noresize>
　　<frame src ="EX4 实例素材/top. html" name ="topFrame" scrolling ="No" noresize ="noresize" id ="topFrame" title ="topFrame" />
　　<frame src ="EX4 实例素材/middle. html" name ="middleFrame" scrolling ="No" noresize ="noresize" id ="middleFrame" title ="middleFrame" />
　　<frame src ="EX4 实例素材/bottom. html" name ="bottomFrame" scrolling ="yes" noresize ="noresize"　　id ="bottomFrame" title ="bottomFrame" />
</frameset>
<noframes>
<body> </body>
</noframes>
</html>
```

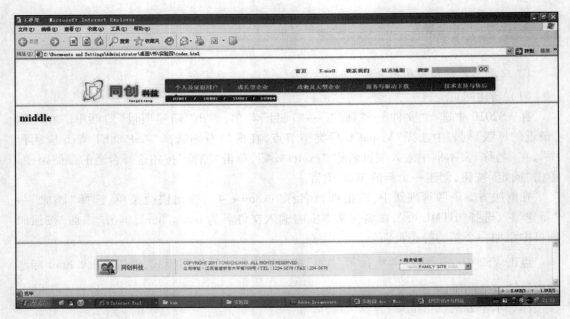

图 4-4　水平分割为三行窗口效果

（2）嵌套垂直分割窗口

在中间 middle 部分嵌套垂直分割窗口为两列，并设置相关垂直嵌套框架集属性，属性值参考代码部分，用下面代码替换原 middle 部分的水平分割代码，效果如图 4-5 所示。

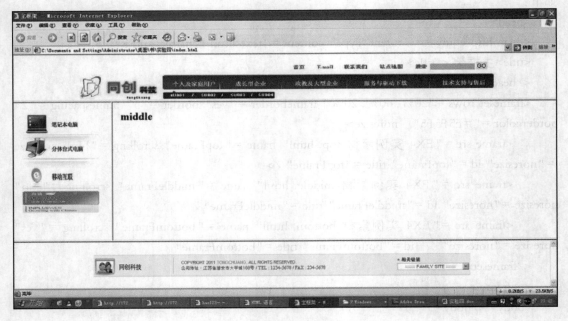

图 4-5　嵌套框架窗口效果

<!—原 middle 部分的水平分割代码-->
<frame src = " EX4 实例素材/middle. html" name = " middleFrame" scrolling = " No"

noresize ="noresize" id ="middleFrame" title =" middleFrame " />
<!—替换 middle 部分垂直分割为两列的代码-->
<frameset cols ="200, 900" frameborder ="yes" border ="5" framespacing ="0">
    <frame src =" EX4 实例素材/left. html" name ="leftFrame" scrolling ="No" id ="leftFrame" title ="leftFrame" marginheight ="20" marginwidth ="20"/>
    <frame src =" EX4 实例素材/middle. html" name ="middleFrame" scrolling ="auto" id ="middleFrame" title ="middletFrame" marginheight ="20" marginwidth ="20"/>
</frameset>

2．浮动窗体的应用

（1）打开页面文件

在解决方案资源管理器中，右击项目名"exercise4"，弹出快捷菜单，选择"添加"→"现有项"，在路径"EX4 实例素材\"中，选择 iframe_src.html，并打开该文件。

（2）建立浮动窗口

点击 VS2010 设计 拆分 源 "拆分"按钮切换到拆分模式，如图 4-6 所示。在下面设计窗口。用鼠标点击页面右半部分中部的空白区域，在左边代码部分光标处输入建立浮动窗口的 html 代码，并设置浮动窗体的相关属性，效果如图 4-7 所示。具体代码如下：

<iframe src ="right. html" width ="600" height ="400" align ="middle" frameborder ="1" scrolling ="auto">

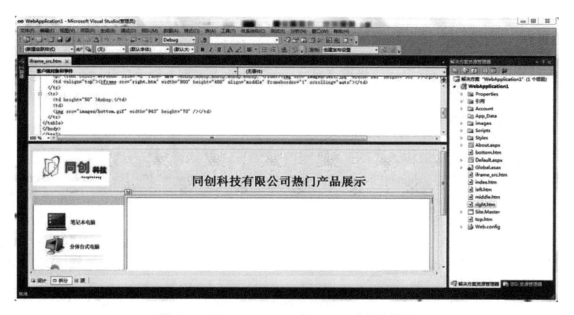

图 4-6 iframe_src.html 在 VS2010 的拆分模式

图 4-7　设置浮动窗口后的效果图

3．超级链接

（1）锚点链接

打开"EX4 实例素材\right.html"，分别在页面"lenovo"、"Hp"、"Dell"、"Asus"上面建立四个锚点，并在页面顶部文字"联想系列笔记本"、"惠普系列笔记本"、"戴尔系列笔记本"、"华硕系列笔记本"建立连接，分别链接到所建的四个锚点上，效果如图 4-8 所示。代码如下加粗部分所示：

<!—建立四个锚点位置的代码-->

……………………………

<td colspan ="4" valign ="bottom"> <strong> <em> <a name ="1"> </a>lenovo </em> </strong>　　<hr /> </td>

……………………………

<td height ="87" colspan ="4" valign ="bottom"> <strong> <em> <a name ="2"> </a> Hp </em> </strong> <hr /> </td>

……………………………

<td height ="87" colspan ="4" valign ="bottom"> <strong> <em> <a name ="3"> </a> Dell </em> </strong> <hr /> </td>

<td height ="87" colspan ="4" valign ="bottom"> <strong> <em> <a name ="4"> </a> Asus </em> </strong> <hr /> </td>

<!—链接同一个页面四个锚代码-->

……………………………
```
<tr>
    <th width ="138" bgcolor ="#8CA6BD" scope ="col"> <a href ="#1">联想系列笔记本</a> </th>
    <th width ="204" bgcolor ="#8CA6BD" scope ="col"> <a href ="#2">惠普系列笔记本</a> </th>
    <th width ="203" bgcolor ="#8CA6BD" scope ="col"> <a href ="#3">戴尔系列笔记本</a> </th>
    <th width ="218" bgcolor ="#8CA6BD" scope ="col"> <a href ="#4">华硕系列笔记本</a> </th>
</tr>
```
……………………………

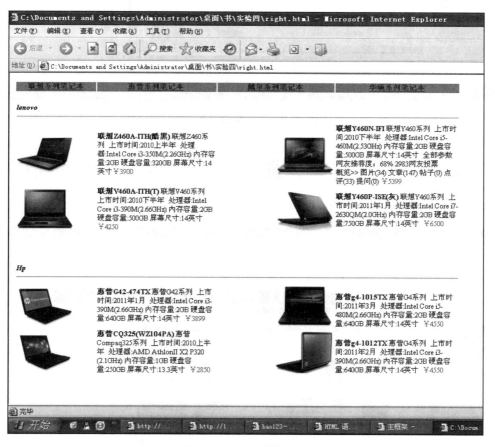

图 4-8　同一页面锚点链接

（2）目标窗口链接

为 index.html 主框架页面左栏图片 （left2.jpg），创建在当前窗体打开的超

级链接,当点击该图片时候链接效果如图4-9所示。具体代码如下:

<a href="right.html" target="_blank"><img src="images/left2.jpg" width="191" height="60" /></a>

图4-9 在新窗口打开链接

(3) 框架导航超级链接

为index.html框架页面左栏图片 ![笔记本电脑],创建超级链接,当点击该图片时能够在middle区域的框架网面内打开right.html,效果如图4-10。代码如下:

图4-10 在目标框架内打开网页

<a href = "right. html" target = "middleFrame"> <img src = "images/left2. jpg" width = "191" height = "60" /> </a>

（4）图像热区域链接

在解决方案资源管理器中，右击项目名称"exercise4"，弹出快捷菜单，选择"添加"→"现有项"，在路径"EX4 实例素材\"中，选择 top. html"，并打开该文件，如图 4‐11 所示。

点击 VS2010 "拆分"按钮切换到拆分模式，鼠标左击下面设计模式中 top. html 页面的顶部图片后，在上面代码部分光标处输入 top. jpg 图片设置映射图像名称，并在 </body> 前一行编写设置 top. jpg 热区域链接的相关属性代码，在浏览器中查看效果，当鼠标点击 ，效果如图 4‐12 所示。具体代码如下：

<! —粗体代码设置图片映射名称-->
<img src = "images/top. jpg" width = "1100" height = "132" border = "0" align = "left" usemap = "#Map" />
<! —为 top. jpg 绘制热区域-->
  <map name = "Map" id = "Map">
    <area shape = "rect" coords = "624, 6, 685, 36" href = "mailto: tongchuankj@126. com" />
  </map>

图 4‐11　top. html 页面

图 4-12 E-mail 热区域链接效果图

实验五 HTML 表单的应用

一、实验目的

(1) 掌握表单基本标签的使用方法。
(2) 掌握表单常用元素(包括:文本框、文本区域、单选框、复选框、菜单等)的使用。
(3) 会应用表单解决相关实际问题。

二、实验内容及要求

参照如图 5-1 所示页面,应用适当表单元素,用 HTML 代码编写一个会员登录页面。

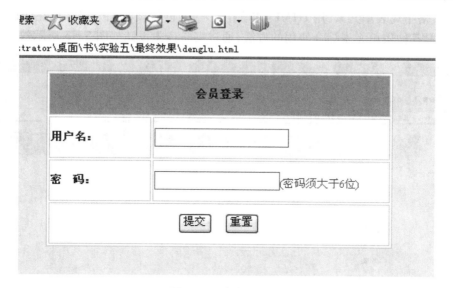

图 5-1 参考样页一

参照如图 5-2 所示页面,按照提示步骤,用 HTML 代码编写有关表单元素,表达一个留言板页面。

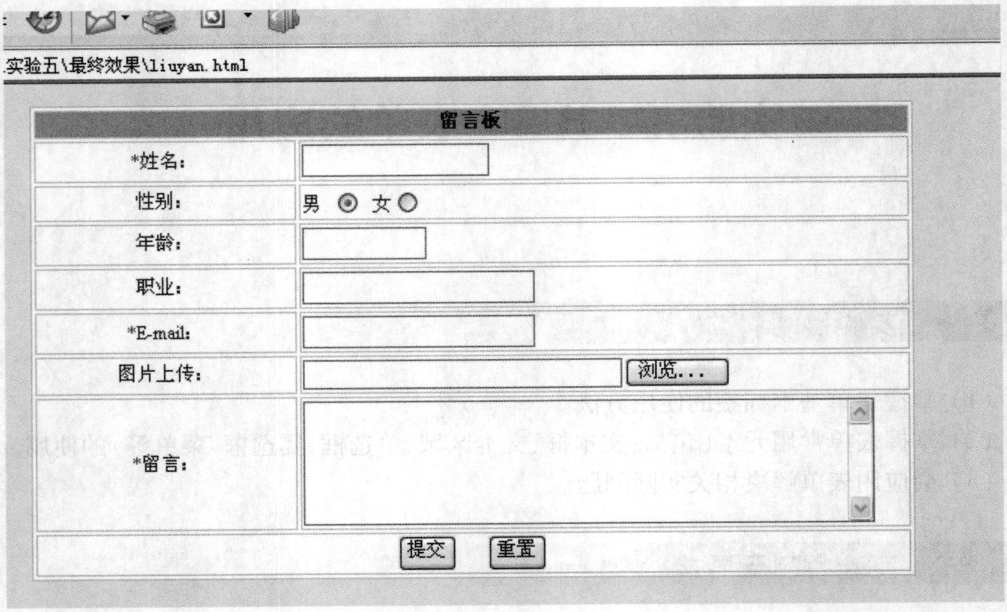

图 5-2 参考样页二

应用表格布局表单元素,用 HTML 编写主题为"同创科技有限公司客户在线调查"的静态网页,学习各种表单元素综合使用的方法,通过实验步骤设计如图 5-3 所示效果的网页。

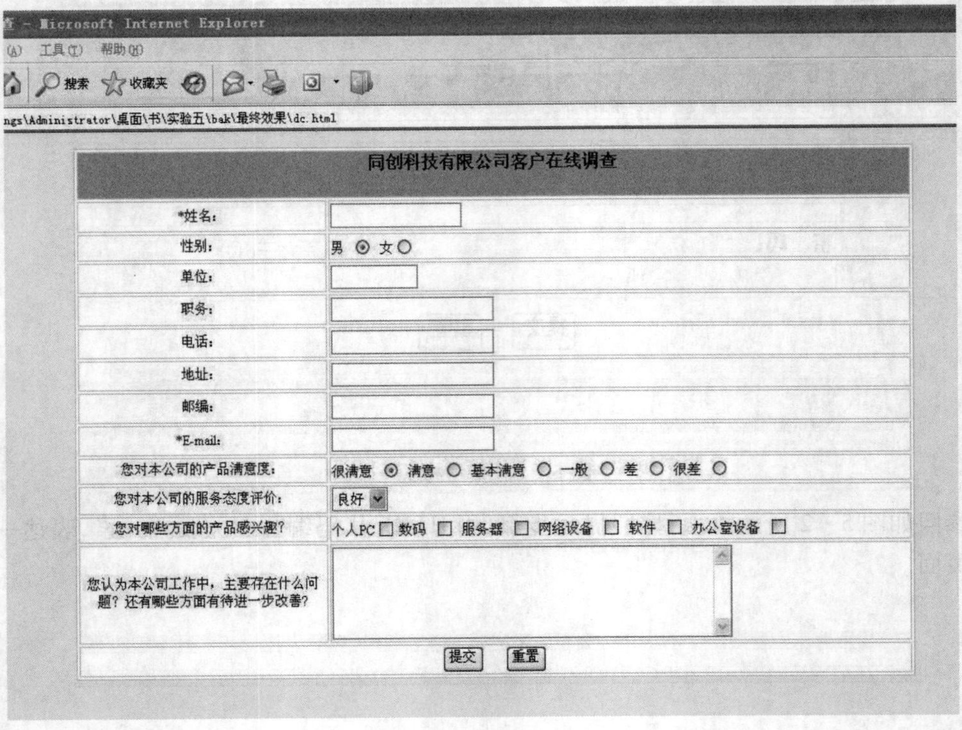

图 5-3 参考样页三

三、实验步骤

1. 设计会员登录页面

（1）页面基本信息编写

在 VS2010 中选择"文件"→"新建"→"项目"菜单,弹出"新建项目"对话框。在左侧"最近的母版"列表中选择"Visual C#"类型节点,在窗口右侧选择"ASP.NET Web 应用程序",在"名称"文本框中输入项目名称"exercise5",单击"浏览"按钮选择合适的存储路径,单击"确定"按钮,创建一个新的 Web 项目。

在解决方案资源管理器中,右击项目名称"exercise5",弹出快捷菜单,选择"添加"→"新建项",选择"HTML 页",在名称文本框内输入文件名为 denglu.html,单击"添加"按钮向项目中添加一个新的静态页面。

点击 VS2010 [设计] [拆分] [源] "源"按钮切换到代码编写模式,分别对 denglu.html 页面编写标题为:"会员登录";背景颜色为""#EBF2FC";默认字体颜色:"#004080",代码如下:

```
<html>
<head>
<meta http-equiv="Content-Type" content="text/html; charset=utf-8" />
<title>会员登录</title>
</head>
<body bgcolor="#EBF2FC" text="#004080">
</body>
</html>
```

（2）插入表单

在页面主体部分用 HTML 编写创建一表单,并设置表单各种属性(名称:form1;处理程序为"test.html";传送方法为 post;id 为 form1),具体代码为:

```
<body bgcolor="#EBF2FC" text="#004080">
<form id="form1" name="form1" method="post" action="test.html">
</form>
</body>
```

（3）插入布局表格

点击 VS2010 [设计] [拆分] [源] "设计"按钮切换到页面设计模式,如图 5-4 所示,制作 4 行 2 列的表格,设置表格的相关属性代码如下:

```
<table width="400" border="1" align="center" bgcolor="#FFFFFF" bordercolor="#D5E3EC">
```

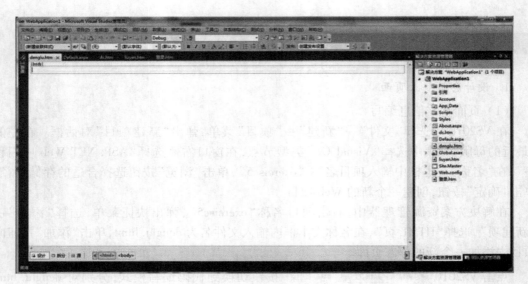

图 5-4 创建新表单

设置所有单元格高度为 45,设置第一列单元格宽度为 30%,在设计模式中选择表格第一行,单击右键选择"表"→"修改"→"合并单元格"选项合并第 1 行单元格,并设置第 1 行标题行的背景颜色(bgcolor = "#AABFFF")如图 5-6 所示,以同样的方法合并第 4 行单元格。

图 5-5 创建表格

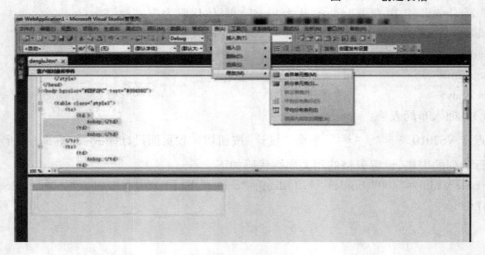

图 5-6 合并单元格

在第一行内输入表头"会员登录"并设置加粗;在第2行和第3行第一个单元格分别输入"用户名"和"密码"并加粗字体,效果如图5-7所示。

图5-7 登录表格

(4) 插入表单元素

点击 VS2010 设计 拆分 源 "拆分"按钮切换到拆分模式,如图5-8所示,点击使光标移到第2行第2个单元格,同时在相应光标所在的代码位置编写用来输入"用户名"的文本框;以同样的方法编写输入"密码"的文本框和"提交""重置"按钮,并适当调整位置和大小,最终效果如图5-8所示,具体部分代码如下:

图5-8 拆分模式

<!--添加输入用户名的文本框-->
<input type ="text" name ="userName"/>
<!--添加输入密码的文本框以及输入密码说明-->

```html
<input type ="password" name ="password" /> <font color ="#FF0000">(密码须大于6位) </font>
<!--添加提交和重置按钮-->
<input type ="submit" name ="button1"  value ="提交" />
<input type ="reset" name ="reset1"  value ="重置" />
```

(5) 登录页面完整代码如下

```html
<body bgcolor ="#EBF2FC" text ="#004080">
<form id ="form1" name ="form1" method ="post" action ="test.html">
<table width ="400" border ="1" align ="center" bgcolor ="#FFFFFF" bordercolor ="#D5E3EC">
    <tr>
        <td height ="45" align ="center" colspan ="3" bgcolor ="#AABFFF"> <strong>会员登录</strong> </td>
    </tr>
    <tr>
        <td width ="30%" height ="45"> <strong>用户名:</strong> </td>
        <td>
          <input type ="text" name ="userName"/> </td>
    </tr>
    <tr>
        <td width ="30%" height ="45"> <strong>密       码:</strong> </td>
        <td> <input type ="password" name ="password" /> <font color ="#FF0000">(密码须大于6位) </font> </td>
    </tr>
     <tr>
        <td height ="45" colspan ="2" align ="center">
          <input type ="submit" name ="button1"  value ="提交" />       
          <input type ="reset" name ="reset1"  value ="重置" /> </td>
    </tr>
</table>
</form>

</body>
```

2. 设计留言板页面

(1) 页面基本信息编写

在解决方案资源管理器中,右击项目名称"exercise5",弹出快捷菜单,选择"添加"→"新建项",选择"HTML 页",在名称文本框内输入文件名为 liuyan.htm,单击"添加"按钮向项目中添加一个新的静态页面。

点击 VS2010 [设计][拆分][源]"源"按钮切换到代码编写模式,分别对 liuyan.html 页面编写标题为:"留言板";背景颜色为""#EBF2FC";默认字体颜色:"#004080"。

(2)编写表单

应用类似于设计会员登录页面第(2)步的方法,为"留言板"页面用 < form > </ form > 标记添加表单。

(3)插入布局表格

应用类似于设计会员登录页面第(3)步的方法,添加一个8行2列的表格,表格宽度为600,设置表格的其他属性,并给表格添加相关文字,如图5-9所示。

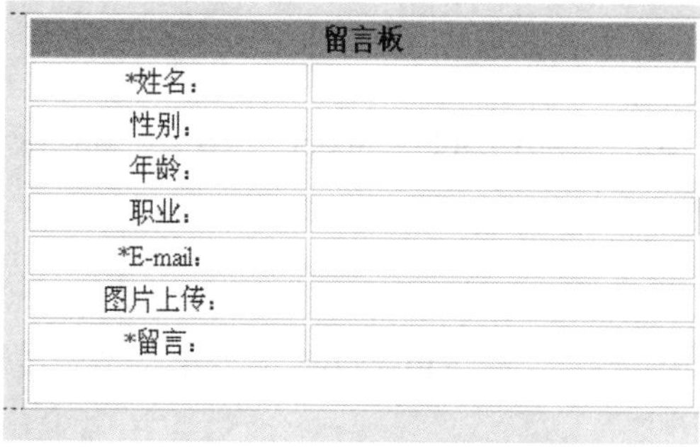

图 5-9 留言板表格图 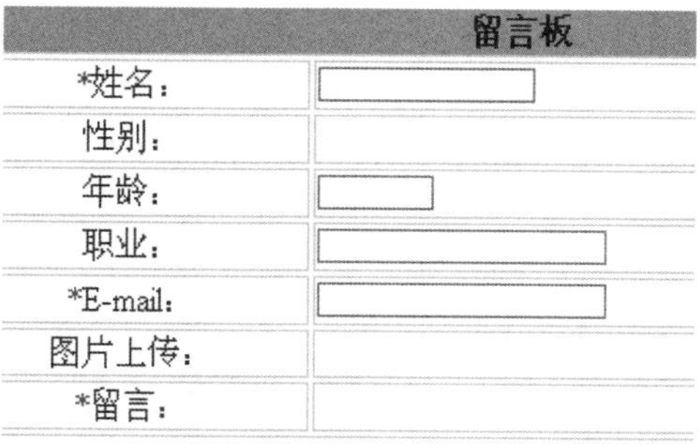　　　　　　　5-10 插入文本框

(4)插入表单元素

分别在"姓名"、"年龄"、"职业"、"E-mail"后插入文本框,插入后如图5-10所示。具体代码如下:

```
<input type ="text" name ="userName" size ="15"/>
<input type ="text" name ="age" size ="8" maxlength ="2" />
<input type ="text" name ="job"   size ="20"/>
<input type ="text" name ="mail"  size ="20"/>
```

在"性别"单元格后添加选择男女的单选框,效果如图5-11所示。代码如下:

男　<input type ="radio" name ="sex" value ="male"　checked ="checked"/>
女 <input type ="radio" name ="sex" value ="female" />

在"图片上传"后面添加上传图片的文件域标签,效果如图5-12所示。代码如下:
<input type ="file" name ="imageFile"　size ="30"/>

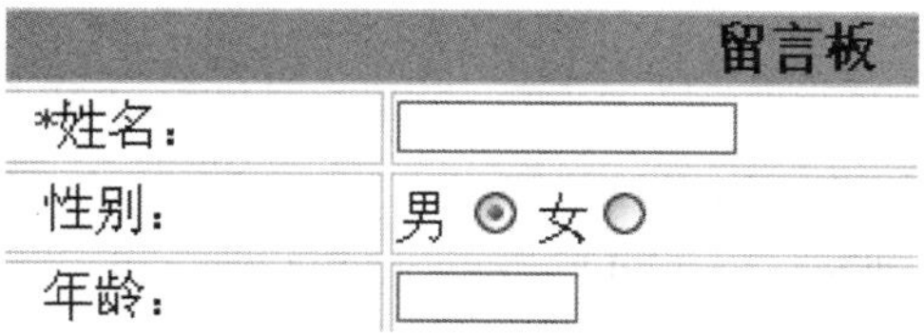

图 5-11 添加单选框 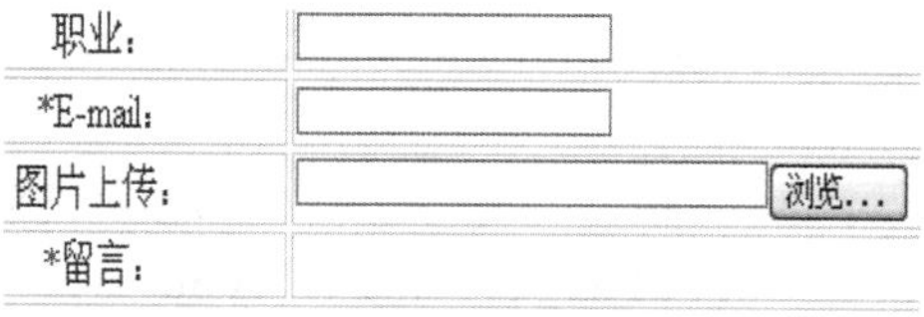　　　　　　　图 5-12 添加文件域

在"留言"后面单元格添加文本域标签,具体代码如下:

```
<textarea name ="textarea" id ="textarea" cols ="45" rows ="5"> </textarea>
```

在最后一行添加按钮"提交""和"重置",并用" "适当调整两个按钮之间的距离,最终效果见图 5-12,代码如下:

```
<input type ="submit" name ="button1"  value ="提交" />           
<input type ="reset" name ="button2"  value ="重置" />
```

(5) 留言板页面完整代码如下

```
<body bgcolor ="#EBF2FC" text ="#004080">
<form id ="form1" name ="form1" method ="post" action ="">
    <table width ="600" border ="1" align ="center" bgcolor ="#FFFFFF" bordercolor ="#D5E3EC">
      <tr>
        <th colspan ="2" align ="center" bgcolor ="#AABFFF" scope ="col">留言板 </th>
      </tr>
      <tr>
        <td width ="30% " align ="center"> <font color ="#FF0000"> * </font>姓名: </td>
        <td  align ="left">
        <input type ="text" name ="userName" size ="15"/> </td>
      </tr>
      <tr>
        <td width ="30% "align ="center">性别: </td>
        <td align ="left">男
            <input type ="radio" name ="sex" value ="male"   checked ="checked"/>
        女 <input type ="radio" name ="sex" value ="female" />
            </td>
      </tr>
      <tr>
        <td width ="30% " align ="center">年龄: </td>
        <td align ="left">
          <input type ="text" name ="age" size ="8" maxlength ="2" /> </td>
      </tr>
      <tr>
        <td   width ="30% "align ="center">职业: </td>
        <td align ="left"> <input type ="text" name ="job"   size ="20"/> </td> </td>
      </tr>
      <tr>
        <td width ="30% "align ="center"> <font color ="#FF0000"> * </font>E-
```

mail: </td>
    <td align ="left">
    <input type ="text" name ="mail" size ="20"/> </td>
  </tr>
  <tr>
    <td width ="30% "align ="center"> <font color ="#FF0000"> </font>图片上传: </td>
    <td align ="left">
    <input type ="file" name ="imageFile" size ="30"/> </td>
  </tr>
  <tr>
    <td width =30% align ="center"> <font color ="#FF0000"> * </font>留言: </td>
    <td align ="left">
    <textarea name ="textarea" id ="textarea" cols ="45" rows ="5"> </textarea> </td>
  </tr>
  <tr>
    <td colspan ="2" align ="center"> <input type ="submit" name ="button1" value ="提交" />
    <input type ="reset" name ="button2" value ="重置" /> </td>
  </tr>
 </table>
</form>
</body>

3. 设计同创科技有限公司客户在线调查页面

（1）页面基本信息编写

在解决方案资源管理器中,右击项目名称"exercise5",弹出快捷菜单,选择"添加"→"新建项",选择"HTML 页",在名称文本框内输入文件名为 diaocha.htm,单击"添加"按钮向项目中添加一个新的静态页面。

点击 VS2010 ▫设计 ▫拆分 ▫源 "源"按钮切换到代码编写模式,分别对 diaocha.html 页面编写标题为:"同创科技有限公司客户在线调查";背景颜色为""#EBF2FC";默认字体颜色:"#004080"。

（2）编写表单

应用类似于设计会员登录页面第 2 步的方法,为"diaocha.htm"页面用 <form> </form> 标记添加表单。

（3）插入布局表格

应用类似于设计会员登录页面第 3 步的方法,添加一个 14 行 2 列的表格,表格宽度为 800,设置表格的其他属性,并给表格添加相关文字,如图 5-13 所示。

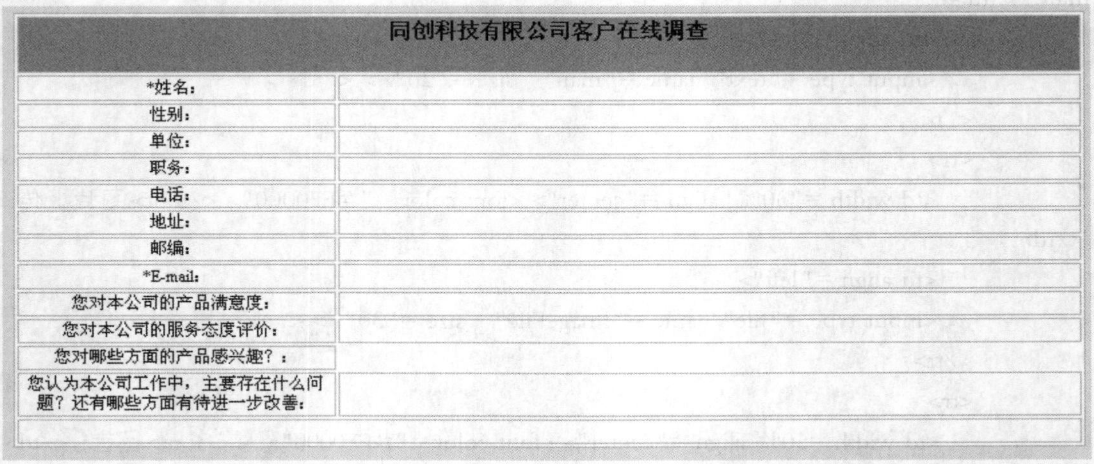

图 5-13 布局表格

（4）插入表单元素——文本框

分别在"姓名"、"单位"、"职务"、"电话"、"地址"、邮编、"E-mail"后插入文本框，插入后如图 5-14 所示，具体代码如下：

```
<input type ="text" name ="userName" size ="15"/> <!--输入姓名文本框-->
<input type ="text" name ="company"  size ="20"/> <!--输入单位文本框 -->
<input type ="text" name ="job"   size ="20"/> <!--输入职务文本框-->
<input type ="text" name ="tel"   size ="20"/> <!--输入电话文本框-->
<input type ="text" name ="address"  size ="20"/> <!--输入地址文本框-->
<input type ="text" name ="code"  size ="20"/> <!--输入邮编文本框-->
<input type ="text" name ="mail"  size ="20"/> <!—输入电子邮件文本框-->
```

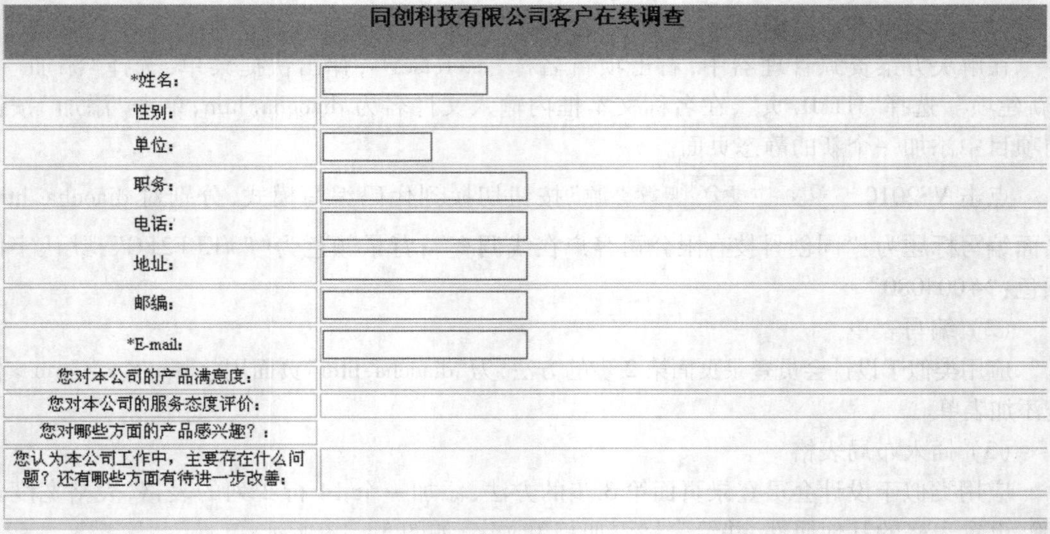

图 5-14 插入文本框

(5) 插入表单元素——单选框

在"性别"单元格后添加选择男女的单选框,代码如下:

男 <input type ="radio" name ="sex" value ="male" checked ="checked"/>

女 <input type ="radio" name ="sex" value ="female" />

在第 10 行"您对本公司的产品满意度:"后面单元格添加满意度调查单选框,效果如图 5‑15 所示。代码如下:

很满意 <input type ="radio" name ="radio1" value ="radio1" checked ="checked"/>

满意 <input type ="radio" name ="radio1" value ="radio2" />

基本满意 <input type ="radio" name ="radio1" value ="radio3" />

一般 <input type ="radio" name ="radio1" value ="fradio4" />

差 <input type ="radio" name ="radio1" value ="radio5" />

很差 <input type ="radio" name ="radio1" value ="radio6" />

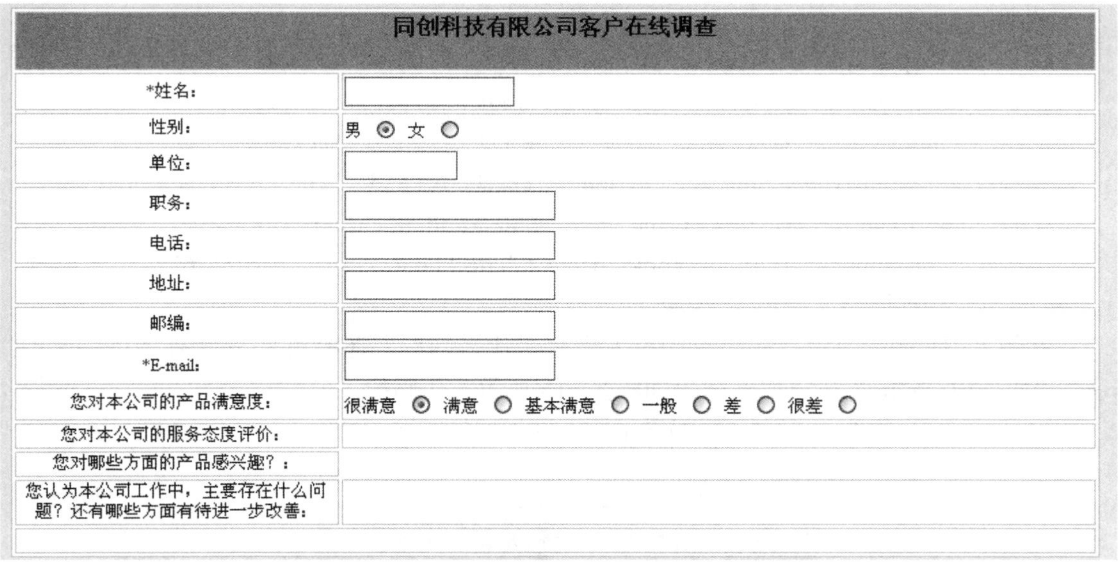

图 5‑15 添加单选框

(6) 插入表单元素——菜单

在第 11 行"您对本公司的服务态度评价:"后面单元格添加下拉菜单,并设置下拉菜单默认选项为"良好",效果如图 5‑16,代码如下:

<select name ="select" id ="select">
    <option>优秀 </option>
    <option selected ="selected">良好 </option>
    <option>中等 </option>
    <option>差 </option>
</select>

图 5-16 添加菜单

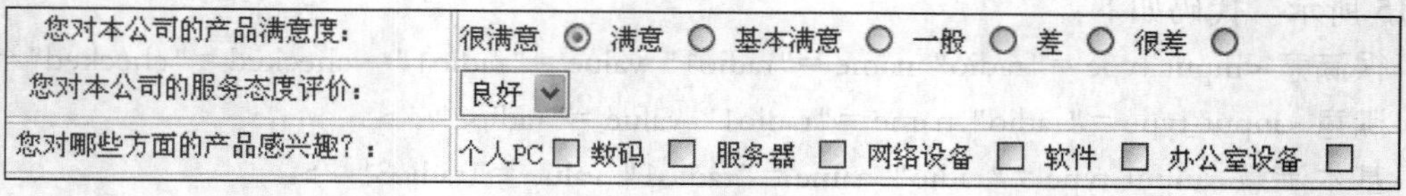

图 5-17 添加复选框

（7）插入表单元素——复选框

在第 12 行"您对哪些方面的产品感兴趣?"后面单元格添加复选框,效果如图 5-17 所示。代码如下:

个人 PC <input type ="checkbox" name ="checkbox" id ="checkbox" />
数码 <input type ="checkbox" name ="checkbox2" id ="checkbox2" />
服务器 <input type ="checkbox" name ="checkbox3" id ="checkbox3" />
网络设备 <input type ="checkbox" name ="checkbox4" id ="checkbox4" />
软件 <input type ="checkbox" name ="checkbox5" id ="checkbox5" />
办公室设备 <input type ="checkbox" name ="checkbox6" id ="checkbox6" />

（8）插入表单元素——文本区域

在第 13 行"您认为本公司工作中,主要存在什么问题? 还有哪些方面有待进一步改善?"后面单元格添加文本区域,效果如图 5-18 所示。代码如下:

<textarea name ="textarea" id ="textarea" cols ="45" rows ="5"> </textarea>

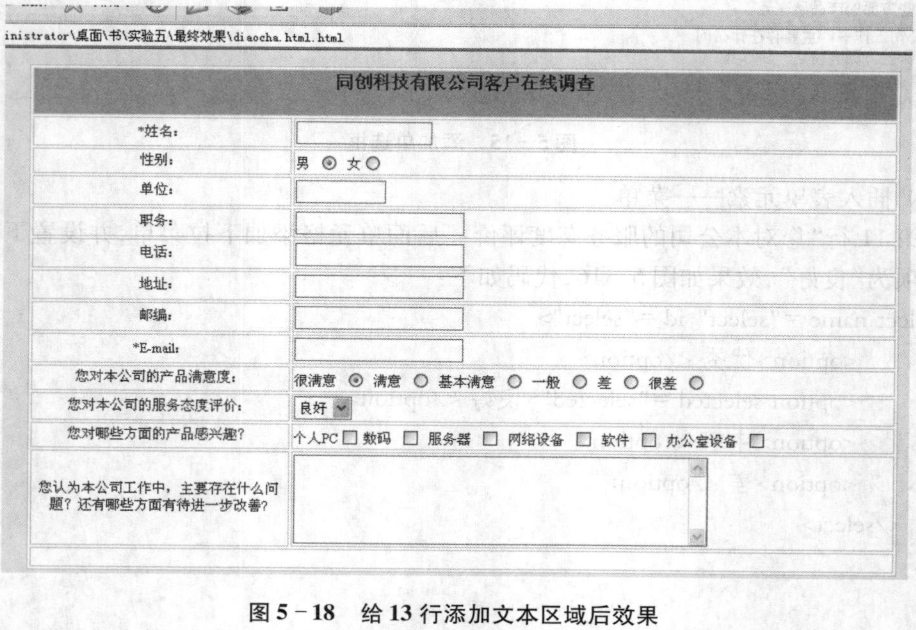

图 5-18 给 13 行添加文本区域后效果

（9）插入表单元素——按钮

在表格最后一行插入两个按钮，分别设置为"提交"和"重置"，适当调整两个按钮之间的距离，最终如图 5-18 所示。具体代码如下：

<input type ="submit" name ="button1" value ="提交/>
<input type ="reset" name ="button2" value ="重置" />

（10）在线调查页面完整代码如下：

```
<body bgcolor ="#EBF2FC" text ="#004080">
<form id ="form1" name ="form1" method ="post" action ="">
    <table width ="800" border ="1" align ="center" bgcolor ="#FFFFFF" bordercolor ="#D5E3EC">
       <tr>
           <th height ="40" colspan ="2" align ="center" bgcolor ="#AABFFF" scope ="col"> <h3>同创科技有限公司客户在线调查 </h3> </th>
       </tr>
       <tr>
           <td width ="30% " align ="center"> <font color ="#FF0000"> * </font>姓名: </td>
             <td  align ="left">
             <input type ="text" name ="userName" size ="15"/> </td>
       </tr>
       <tr>
           <td width ="30% "align ="center">性别: </td>
           <td align ="left">男
               <input type ="radio" name ="sex" value ="male"  checked ="checked"/>
             女 <input type ="radio" name ="sex" value ="female" />
             </td>
       </tr>
       <tr>
           <td width ="30% " align ="center">单位: </td>
           <td align ="left">
             <input type ="text" name ="company" size ="8" maxlength ="2" /> </td>
       </tr>
       <tr>
           <td  width ="30% "align ="center">职务: </td>
             <td align ="left"> <input type ="text" name ="job"  size ="20"/> </td> </td>
       </tr>
        <tr>
           <td  width ="30% "align ="center">电话: </td>
```

```html
                <td align ="left"> <input type ="text" name ="tel"    size ="20"/> </td> </td>
            </tr>
             <tr>
                <td  width ="30% "align ="center">地址: </td>
                <td align ="left"> <input type ="text" name ="address"   size ="20"/> </td>
</td>
            </tr>
             <tr>
                <td  width ="30% "align ="center">邮编: </td>
                <td align ="left"> <input type ="text" name ="code"   size ="20"/> </td>
</td>
            </tr>
            <tr>
                <td width ="30% "align ="center"> <font color ="#FF0000"> * </font>E-mail: </td>
                <td align ="left">
                <input type ="text" name ="mail"  size ="20"/> </td>
            </tr>
             <tr>
                <td   width ="30% "align ="center">您对本公司的产品满意度: </td>
                <td align ="left">很满意
                    < input type =" radio" name =" radio1" value =" radio1"    checked ="checked"/>
满意
<input type ="radio" name ="radio1" value ="radio2" />
基本满意
<input type ="radio" name ="radio1" value ="radio3" />
一般
<input type ="radio" name ="radio1" value ="fradio4" />
差
<input type ="radio" name ="radio1" value ="radio5"/>
很差
<input type ="radio" name ="radio1" value ="radio6" /> </td> </td>
            </tr>
             <tr>
                <td  width ="30% "align ="center"> <p>您对本公司的服务态度评价: </p> </td>
                <td align ="left">
                <select name ="select" id ="select">
                    <option>优秀 </option>
```

```html
                <option selected ="selected">良好</option>
                <option>中等</option>
                <option>差</option>
              </select></td></td>
          </tr>
            <tr>
              <td  width ="30% "align ="center">您对哪些方面的产品感兴趣?</td>
              <td align ="left">个人 PC <input type ="checkbox" name ="checkbox" id ="checkbox" />
                数码
                 <input type ="checkbox" name ="checkbox2" id ="checkbox2" />
                服务器
                 <input type ="checkbox" name ="checkbox3" id ="checkbox3" />
                网络设备
                 <input type ="checkbox" name ="checkbox4" id ="checkbox4" />
                软件
                 <input type ="checkbox" name ="checkbox5" id ="checkbox5" />
                办公室设备
                 <input type ="checkbox" name ="checkbox6" id ="checkbox6" />
              </td></td>
          </tr>
            <tr>
              <td width =30% align ="center"> 您认为本公司工作中, 主要存在什么问题?还有哪些方面有待进一步改善?</td>
              <td align ="left">
                <textarea name ="textarea" id ="textarea" cols ="45" rows ="5"></textarea></td>
          </tr>
            <tr>
              <td colspan ="2" align ="center">   <input type ="submit" name ="button1" value ="提交" />         
                <input type ="reset" name ="button2"  value ="重置" /></td>
          </tr>
        </table>
      </form>
   </body>
```

实验六 使用 DIV、CSS 创建页面布局

一、实验目的

(1) 掌握 CSS 的基本语法。
(2) 掌握 CSS 选择器的使用方法。
(3) 掌握使用 DIV 布局页面。

二、实验内容及要求

本实例中整体应用的是比较常见的"国"字型布局。在页面的设计上,采用基本的页面构成方式,导航菜单在页面顶部,页面主体内容在下部,如图 6-1 所示。网页最终效果如图 6-2 所示。本实验的素材在所配套实验素材 EX06 文件夹中。

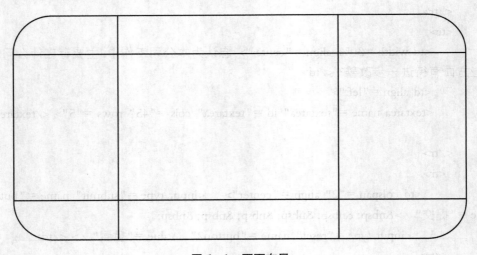

图 6-1 页面布局

实验六　使用 DIV、CSS 创建页面布局

图 6-2　网页最终效果

三、实验步骤

在 VS2010 中选择"文件"→"新建"→"项目"菜单,弹出"新建项目"对话框。在左侧"最近的母版"列表中选择"Visual C#"类型节点,在窗口右侧选择"ASP.NET Web 应用程序",在"名称"文本框中输入项目名称"exercise6",单击"浏览"按钮选择合适的存储路径,单击"确定"按钮,创建一个新的 Web 项目。

在解决方案资源管理器中,右击项目名称"exercise6",弹出快捷菜单,选择"添加"→"新建项",选择"HTML 页",在名称文本框内输入文件名为 index.html,单击"添加"按钮向项目中添加一个新的静态页面。

右击项目名称"exercise6",弹出快捷菜单,选择"添加"→"新建文件夹",命名为 style;选中 style,再单击"添加"→"新建项",选择"样式表",命名为"div.css"。同样再创建一个 CSS 外部样式表文件,保存为"css.css"。

切换到 css.css 文件中,分别创建名称为 *、body 以及 span 的 CSS 规则,代码如下:

```
*
{
    margin: 0px;
    border: 0px;
    padding: 0px;
}
body
{
```

```css
        font-size: 12px;
        color: #787878;
}
span
{
        margin-right: 20px;
        font-size: 12px;
}
```

返回 index.html 文件中,光标移至设计页面中,插入 `<body>` 与 `</body>` 之间的代码如下。

```html
<body>
    <div id="box">此处显示 id = "box" 的内容 </div>
</body>
```

切换到 div.css 文件中,创建一个名称为#box 的 CSS 规则,代码如下:

```css
#box{
        width: 980px;
        height: 698px;
        margin: 0 auto; }
```

光标移至 box 中,将多余的文本内容删除,选择 `<div id="box">` 选项,在 box 中插入 top-menu,生成的代码如下:

```html
<body>
<div id="box">
    <div id="top-menu">此处显示  id "top-menu" 的内容 </div>
</div>
</body>
```

切换到 div.css 文件中,创建一个名称为#top-menu 的 CSS 规则,代码如下:

```css
#top-menu{
        width: 940px;
        margin-top: 10px;
        text-align: right;
        font-weight: bold;
        font-size: 14px;
        padding-left: 18px; }
```

切换到代码视图中,输入如下代码:

```html
<div id="top-menu">
    <span>首页 </span>
    <span>E-mail </span>
    <span>联系我们 </span>
    <span>站点地图 </span>
```

```
        <span>搜索
        <input type ="text" class ="txtsearch" />
        <input type ="submit" name ="cmdGO" id ="cmdGO" value ="GO"   /> </span>
</div>
```
切换到 div.css 文件中,创建一个名称为.txtsearch 的 CSS 规则,代码如下,在设计视图中的效果如图 6-3 所示。

```
.txtsearch{
    background-color: #CCC;
    width: 100px; }
```

图 6-3 设计视图效果

光标移至设计视图的 box 层中,在 top 层中添加层"top_logo"与"top_right"。代码如下:
```
<div id ="top">
        <div id ="top_logo"> </div>
        <div id ="top_right"> </div>
</div>
```
切换到 div.css 文件中,创建一个名称为#top_logo 和 top_right 的 CSS 规则,代码如下,效果如图 6-4 所示。

```
#top_logo{
    background-image: url(../images/top1.gif);
    background-repeat: no-repeat;
    width: 202px;
    height: 95px;
    float: left; }
#top_right{
    background-image: url(../images/top2.gif);
    background-repeat: no-repeat;
    width: 768px;
    height: 92px;
    float: left; }
```

图 6-4 应用 top-menu 后的效果

光标移至设计视图中,插入 main,生成的代码如下:

<div id ="main">此处显示　id "main" 的内容 </div>

切换到 div.css 文件中,创建一个名称为#main 的 CSS 规则,代码如下:

#main{
　　　　width: 980px;
　　　　height: 660px;
　　　　clear: both; }

将"此处显示　id "main" 的内容"删除,在 main 层中分别插入 left、main-content 以及 right,生成的代码如下:

<div id ="main">
　　　　<div id ="left">此处显示　id "left" 的内容 </div>
　　　　<div id ="main-content">此处显示　id "main-content" 的内容 </div>
　　　　<div id ="right">此处显示　id "right" 的内容 </div>
</div>

切换到 div.css 文件中,分别创建名称为#left、#main-content 以及#right 的 CSS 规则,应用#left、#main-content 以及#right 后的效果如图 6-5 所示,代码如下:

#left{
　　　　width: 200px;
　　　　height: 470px;
　　　　float: left;
　　　　position: relative; }
#main-content{
　　　　background-image: url(../images/center.gif);
　　　　background-repeat: no-repeat;
　　　　width: 480px;
　　　　height: 470px;
　　　　float: left; }
#right{
　　　　height: 470px;
　　　　width: 300px;
　　　　float: left; }

图 6-5　应用#left、#main-content 以及#right 后的效果

光标移至设计视图中,选择<div id="left">选项,输入left_login,生成的代码如下:
```
<div id="left">
    <div id="left_login">此处显示  id "left_login"  </div>
</div>
```
切换到div.css文件中,创建名称为#left_login的CSS规则,代码如下:
```
#left_login{
    background-image: url(../images/left1.jpg);
    background-repeat: no-repeat;
    height: 118px; }
```
切换到设计视图,在"left_login"层插入一个ID为"txtid"文本框,同样再插入一个ID为"txtpass"的文本框,代码如下:
```
<div id="left_login">
    <input type="text" name="txtid" class="txtsearch" id="txtid" />
    <input type="password" name="txtpass" class="txtsearch" id="txtpass" />
</div>
```
切换到div.css文件中,分别创建名称为#txtid以及#txtpass的CSS规则,代码如下,设计视图中的效果如图6-6所示。
```
#txtid{
    position: absolute;
    top: 33px;
    left: 39px;
    height: 16px;
    width: 86px;
    border-bottom: 1px #CCCCCC; }
#txtpass{
    position: absolute;
    left: 39px;
    top: 56px;
    height: 16px;
    width: 86px;
    border-bottom: 1px #CCCCCC; }
```

图6-6 插入left-login层的效果

在层"left_login"后分别插入层"left_product01"、"left_product02"、"left_product03"以及"left_product04"。在设计视图中分别插入 images 文件夹中的 left2.jpg、left3.jpg、left4.jpg 以及 left5.jpg 图片,生成的代码如下,设计视图中的效果如图 6-8 所示。

```
<div id ="left">
    <div id ="left_login">
        <input type ="text" name ="txtid" class ="txtsearch" id ="txtid" />
        <input type ="password" name ="txtpass" class ="txtsearch" id ="txtpass" />
    </div>
    <div id ="left_product01"> <img src ="images/left2.jpg" width ="191" height ="58" /> </div>
    <div id ="left_product02"> <img src ="images/left3.jpg" width ="191" height ="60" /> </div>
    <div id ="left_product03"> <img src ="images/left4.jpg" width ="191" height ="45" /> </div>
    <div id ="left_product04"> <img src ="images/left5.jpg" width ="191" height ="186" /> </div>
</div>
```

在"right"中分别插入"right_newstop"、"right_newscontent"、"right_newsbottom"、"right_newsproduct"以及"right_productpic",代码如下:

```
<div id ="right">
    <div id ="right_newstop"> </div>
    <div id ="right_newscontent"> </div>
    <div id ="right_newsbottom"> </div>
    <div id ="right_newprooduct"> </div>
    <div id ="right_productpic"> </div>
</div>
```

切换到 div.css 文件中,分别创建名称为# right_newstop、right_newscontent 以及 right_newsbottom 的 CSS 规则,代码如下:

```
#right_newstop{
    background-image: url(../images/right1.jpg);
    background-repeat: no-repeat;
    height: 31px; }
#right_newscontent{
    background-image: url(../images/right2.jpg);
    background-repeat: no-repeat;
    height: 195px; }
#right_newsbottom{
    background-image: url(../images/right3.jpg);
    background-repeat: no-repeat;
```

height: 37px; }

在层"right_newprooduct"中插入图"right4.jpg"、"right6.jpg"、"right7.jpg"、"right8.jpg"以及"right9.jpg",代码如下:

```
<div id="right">
    <div id="right_newstop"> </div>
    <div id="right_newscontent"> </div>
    <div id="right_newsbottom"> </div>
    <div id="right_newprooduct"> <img src="images/right4.jpg" width="253" height="97" /> </div>
    <div id="right_productpic">
        <div id="right_productpic01"> <img src="images/right6.jpg" width="64" height="82" /> </div>
        <div id="right_productpic02"> <img src="images/right7.jpg" width="61" height="82" /> </div>
        <div id="right_productpic03"> <img src="images/right8.jpg" width="59" height="82" /> </div>
        <div id="right_productpic04"> <img src="images/right9.jpg" width="69" height="82" /> </div>
    </div>
</div>
```

切换到 div.css 文件中,分别创建名称为# right_productpic01、right_productpic02、right_productpic03 以及 right_productpic04 的 CSS 规则,代码如下,设计视图中的效果如图 6-7 所示。

```
#right_productpic01{
    width: 64px;
    float: left; }
#right_productpic02{
    width: 61px;
    float: left; }
#right_productpic03{
    width: 59px;
    float: left; }
#right_productpic04{
    width: 69px;
    float: left; }
```

光标移至设计视图中,选择< div id="main" >选项,输入 bottom,在"bottom"层中插入图片"bottom.jpg",代码如下:

```
<div id="bottom"> <img src="images/bottom.gif" /> </div>
```

切换到 div.css 文件中,创建名称为#bottom 的 CSS 规则,代码如下。设计视图效果如图

6-7 所示。
```
#bottom{
    width: 980px;
    height: 180px; }
```

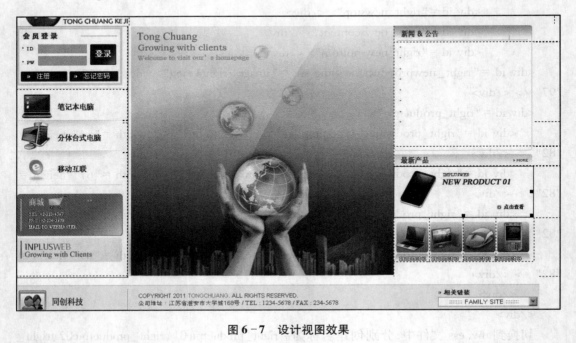

图 6-7 设计视图效果

实验七 使用 DIV、CSS 创建基于母版的网页

一、实验目的

（1）掌握使用 CSS 设置字体及段落。
（2）掌握母版的创建方法。
（3）掌握创建基于母版的网页。

二、实验内容及要求

（1）制作页面母版。
（2）创建基于母版的网页。
本实验的素材在所配套实验素材 EX07 文件夹中。

三、实验步骤

打开如图 7-1 所示的对话框，选择"母版页"，在名称文本框内输入文件名名称为"site1.master"，单击"添加"按钮向项目中添加一个新的母版页。

图 7-1 "新建母版页"对话框

该页面的源文件如图7-2,7-3所示。

```
<%@ Master Language="C#" AutoEventWireup="true" CodeBehind="Site1.master.cs" Inherits="WebApplication1.Site1" %>
<!DOCTYPE html PUBLIC "-//W3C//DTD XHTML 1.0 Transitional//EN" "http://www.w3.org/TR/xhtml1/DTD/xhtml1-transitional.dtd">
<html xmlns="http://www.w3.org/1999/xhtml">
<head runat="server">
    <title></title>
        <link href="Styles/css.css" rel="stylesheet" type="text/css" />
        <link href="Styles/div.css" rel="stylesheet" type="text/css" />
    <asp:ContentPlaceHolder ID="head" runat="server">

    </asp:ContentPlaceHolder>
</head>
```

图7-2 母版页头部

```
<body>
<div id="box">
    <div id="top-menu">
        <span>首页</span>
        <span>E-mail</span>
        <span>联系我们</span>
        <span>站点地图</span>
        <span>
        搜索
        <input type="text" class="txtsearch" />
        <input type="submit" name="cmdGO" id="cmdGO" value="GO" />
        </span>
    </div>
    <div id="top">
        <div id="top_logo"></div>
        <div id="top_right"></div>
    </div>
    <div id="main">
        <div id="left">
            <div id="left_login">
                <input name="txtid" type="text" class="txtsearch" id="txtid" />
                <input name="txtpass" type="password" class="txtsearch" id="txtpass" />
            </div>
            <div id="left_product01"><a href="WebForm1.aspx"><img src="images/left2.jpg" width="191" height="58" /></a></div>
            <div id="left_product02"><a href="WebForm2.aspx"><img src="images/left3.jpg" width="191" height="60" /></a></div>
            <div id="left_product04"><img src="images/left5.jpg" width="191" height="186" /></div>
        </div>
        <div id="right">
            <asp:ContentPlaceHolder ID="ContentPlaceHolder1" runat="server">

            </asp:ContentPlaceHolder>
        </div>
        <div id="clear"></div>
        <div id="bottom"><img src="images/bottom.gif" /></div>
    </div>
</div>
</body>
</html>
```

图7-3 母版页代码

该母版在浏览器中打开,如图7-4所示。

实验七 使用 DIV、CSS 创建基于母版的网页 | 075

图 7-4 网页母版

打开如图 7-5 所示的对话框,选择"使用母版页的 Web 窗体",单击"添加"按钮向项目中添加两个新的 Wes 窗体。

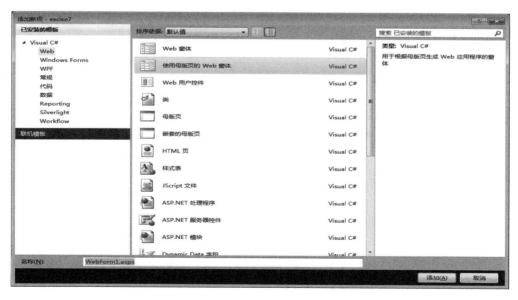

图 7-5 使用母版页的 Web 窗体

创建一个 CSS 外部样式表文件,并保存为"style\\subdiv.css",文件中的代码如下。
#submain{

```css
        height: 605px;
        width: 780px;
        float: left;
        margin: 0 auto; }
#submain_topleft{
        background-image: url(../images/sub/submain_topleft.gif);
        background-repeat: no-repeat;
        width: 16px;
        height: 66px;
        float: left; }
#submain_topcenter{
        background-image: url(../images/sub/submain_topcenter.gif);
        background-repeat: no-repeat;
        width: 662px;
        height: 66px;
        float: left}
#submain_topright{
        background-image: url(../images/sub/submain_topright.gif);
        background-repeat: no-repeat;
        width: 21px;
        height: 66px;
        float: left; }
#leftfont{
        margin-left: 15px;
        margin-top: 30px;
        font-size: 18px;
        width: 240px;
        float: left; }
#rightfont{
        margin-left: 220px;
        width: 160px;
        height: 18px;
        margin-top: 30px;
        left: 810px;
        float: left; }
#submain_middle{
        clear: both; }
#submain_middleleft{
        background-image: url(../images/sub/submain_middleleft.gif);
```

```css
        background-repeat: repeat-y;
        width: 16px;
        height: 526px;
        float: left; }
#submain_middlecenter1{
        background-image: url(../images/sub/submain_middlecenter1.gif);
        background-repeat: no-repeat;
        width: 191px;
        height: 526px;
        float: left; }
#submain_middlecenter2{
        background-image: url(../images/sub/submain_middlecenter2.gif);
        background-repeat: repeat-y;
        float: left;
        width: 471px;
        height: 526px; }
#submain_middleright{
        background-image: url(../images/sub/submain_middleright.gif);
        background-repeat: repeat-y;
        float: left;
        width: 21px;
        height: 526px; }
p.one{
font-size: 16px;
color: #0033FF;
font-weight: bold;
line-height: 30px;
}
p.two{
font-size: 14px;
line-height: 20px;
font-family: "黑体";
}
#submain_bottom{
        clear: both; }
#submain_bottomleft{
        background-image: url(../images/sub/submain_bottomleft.gif);
        background-repeat: no-repeat;
        width: 16px;
```

```css
        height: 18px;
        float: left; }
#submain_bottomcenter{
        background-image: url(../images/sub/submain_bottomcenter.gif);
        background-repeat: no-repeat;
        width: 662px;
        height: 18px;
        float: left; }
#submain_bottomright{
        background-image: url(../images/sub/submain_bottomright.gif);
        background-repeat: no-repeat;
        width: 21px;
        height: 18px;
        float: left; }
```

创建一个 CSS 外部样式表文件,并保存为"style\\div.css",文件中的代码如下:

```css
#box{
width: 980px;
height: 698px;
margin: 0 auto;
}
#top-menu{
width: 940px;
margin-top: 10px;
text-align: right;
font-weight: bold;
font-size: 14px;
padding-left: 18px;
}
.txtsearch{
        background-color: #CCC;
        width: 100px;
}
#top_logo{
        background-image: url(../images/top1.gif);
        background-repeat: no-repeat;
        width: 202px;
        height: 95px;
        float: left; }
#top_right{
```

```css
        background-image: url(../images/top2.gif);
        background-repeat: no-repeat;
        width: 768px;
        height: 92px;
        float: left; }
#main{
width: 980px;
height: 660px;
clear: both;
}
#left{
        width: 200px;
        height: 470px;
        float: left;
        position: relative;
}
#left_login{
        background-image: url(../images/left1.jpg);
        background-repeat: no-repeat;
        height: 118px; }
#right
{
        width: 600px;
        height: 470px;
        float: left;
        position: relative;
}
#clear
{
        clear: both;
}
#txtid{
        position: absolute;
        top: 33px;
        left: 39px;
        height: 16px;
        width: 86px;
        border-bottom: 1px #CCCCCC;
        }
```

```css
#txtpass{
    position: absolute;
    left: 39px;
    top: 56px;
    height: 16px;
    width: 86px;
    border-bottom: 1px #CCCCCC;
}
#main-content{
    background-image: url(../images/center.gif);
    background-repeat: no-repeat;
    width: 480px;
    height: 470px;
    float: left;
}
#right{
height: 470px;
width: 725px;
float: left;
    top: 0px;
    left: 0px;
}
#right_newstop{
    background-image: url(../images/right1.jpg);
    background-repeat: no-repeat;
    height: 31px; }
#right_newscontent{
    background-image: url(../images/right2.jpg);
    background-repeat: no-repeat;
    height: 195px; }
#right_newsbottom{
    background-image: url(../images/right3.jpg);
    background-repeat: no-repeat;
    height: 37px; }
#right_productpic01{
    width: 64px;
    float: left; }
#right_productpic02{
    width: 61px;
```

```
            float: left; }
#right_productpic03{
        width: 59px;
        float: left; }
#right_productpic04{
        width: 69px;
        float: left; }
#bottom
{
        position : relative ;
        bottom : 0px;
width: 980px;
height: 180px;
}
```

切换到 WebForm1 窗口，在

<asp: Content ID ="Content2" ContentPlaceHolderID ="ContentPlaceHolder1" runat ="server">

</asp:Content>中，输入如下代码：

 <img src ="images/center.gif" height ="480px" width ="800px" /> 。应用过样式后在浏览器中的效果如图 7-6 所示。

图 7-6　应用样式后在浏览器中的效果

切换到 WebForm2 窗口，在

<asp: Content ID ="Content1" ContentPlaceHolderID ="head" runat ="server">

</asp:Content> 中，输入如下代码：

```
<link href="Styles/subdiv.css" rel="stylesheet" type="text/css" />
```

在 <asp: Content ID="Content2" ContentPlaceHolderID="ContentPlaceHolder1" runat="server">

</asp:Content> 中，输入如下代码：

```
<link href="Styles/subdiv.css" rel="stylesheet" type="text/css" />
</asp: Content>
<asp: Content ID="Content2" ContentPlaceHolderID="ContentPlaceHolder1" runat="server">
    <!-- InstanceBeginEditable name="EditRegion1" -->
      <div id="submain">
         <div id="submain_top">
             <div id="submain_topleft"> </div>
             <div id="submain_topcenter">
                 <div id="leftfont">ThinkPAD SL </div>
                 <div id="rightfont">首页-笔记本电脑-ThinkPAD </div>
             </div>
             <div id="submain_topright"> </div>
         </div>
         <div id="submain_middle">
             <div id="submain_middleleft"> </div>
             <div id="submain_middlecenter1"> </div>
             <div id="submain_middlecenter2">
                 <p class="one">SL 系列: 新一代技术 </p>
                 <p class="two">
```

SL410/SL510 系列笔记本电脑拥有强大多媒体和演示功能，以及领先的无线选项和安全特性。无论是销售代表，还有商旅人士，它都能完美契合需求。</br>

新特性 </br>更轻，更薄 使您的商务之旅更为轻松 </br>

更大的磁盘空间，更快的 DDR3 内存 提高任务处理效率和生产率 </br>

优化的 Voice over IP(VolP) 网络会议功能 </br>

LED 高清显示屏 节能的同时呈现逼真显示效果 </br>

高清视频与音频 让精彩内容如水晶般清晰展现 </br>

强大的无线与连接选项工具箱 包括无线局域网、千兆级以太网，以及 a/b/g/n WiFi 和蓝牙 </br>

TinkWanlage 客户安全解决方案与集成指纹识别器，实现密不透风的严密保护 </br>

可选服务与支持 如您的虚拟帮助桌面 ThinkPlus，在您需要时能够随时为您提供帮助 </br>

指定机型 </br> </p>
<p> </p>

```
        <p class ="one"> 内置解决方案与安全性能 </p>
        <p class ="two">
```
面对无孔不入的安全风险,您将如何应对？SL 系列笔记本配备了领先的企业级安全技术设备。</br>

无论是计算应用,还是远程视频会议抑或是商务旅行中都将为您的企业信息提供严密保护。选定型号具备以下一项或多项安全选项;</br>

集成指纹识别器会为记住密码而劳神费力？现在您只要轻刷手指即可获得生物指纹识别的身份验证。</br> </p>
```
        <p class ="two">安全商务包括 ThinkPad Protection、在线数据备份( Online Data Backup)
和第二个工作日上马服务 ( Next Business Day Onsite Warranty Service) </br>
        </p>
      </div>
        <div id ="submain_middleright"> </div>
    </div>
        <div id ="submain_bottom">
            <div id ="submain_bottomleft"> </div>
            <div id ="submain_bottomcenter"> </div>
            <div id ="submain_bottomright"> </div>
        </div>
</div>
```

应用过样式后在浏览器中的效果如图 7－7 所示。

图 7－7　应用样式后在浏览器中的效果

实验八　使用 DHTML、JavaScript 制作菜单

一、实验目的

（1）学会使用 CSS 来控制文档元素的显示和隐藏。
（2）掌握 position 属性的使用。
（3）掌握 float 属性的使用。
（4）掌握使用 JavaScript 访问文档元素的方法。
（5）掌握通过 JavaScript 为文档元素添加事件处理的方法。
（6）掌握使用 JavaScript 结合 CSS 生成菜单的方法。

二、实验内容及要求

菜单是网站的重要组成部分。本实验通过 DHTML 和 JavaScript 制作菜单。

参照样页 menu_finish.html（见图 8－1），根据要求制作网页。本实验的素材在所配套实验素材 EX08 文件夹中。

图 8-1　参照样页 menu_finish.html

三、实验步骤

1. 使用无序列表建立菜单数据

选择"文件->打开"菜单,选择 menu.html。在 <div id="top_right"></div> 元素间输入以下内容:

```
<ul id="menu">
    <li> <a href="#">产品</a>
        <ul>
            <li> <a href="#">产品 1 </a> </li>
            <li> <a href="#">产品 2 </a> </li>
        </ul>
    </li>
    <li> <a href="#">服务与下载</a>
        <ul>
            <li> <a href="#">服务一</a> </li>
            <li> <a href="#">服务二</a> </li>
            <li> <a href="#">下载一</a> </li>
            <li> <a href="#">下载二</a> </li>
        </ul>
    </li>
</ul>
```

其中,id 为 menu 的无序列表(ul)是主菜单条,menu 下的每一个 li 是主菜单项。二级 ul 即为二级菜单。

参考第二步,请为主菜单添加主菜单项"技术支持",并在"技术支持"下生成二级菜单:注册、投诉、联系客服和建议。

2. 通过 DHTML 控制菜单的样式

(1) 使用 float 使主菜单项横向排列。在 </head> 前输入以下内容:

```
<style type="text/css">
    #menu li {
        float: left;
        width: 80px;
        position: relative;
    }
</style>
```

效果如图 8-2 所示。

图 8-2 float 效果的主菜单

可以看到一级菜单项由原来的纵向排列变为了横向排列。float 属性值设为 left 将使得一级菜单项在一行中靠左停靠,因此一级菜单项将会从左到右排列。

(2)调整主菜单条的位置和样式,在 </style> 之前输入下面内容:

#menu {
  line-height: 24px;
  list-style-type: none;
  margin: 10px 20px 20px 20px;
  font-size: 10px;
  font-weight: bold;
}

margin 样式为主菜单条添加外边距使得菜单移动到合适位置,效果如果 8-3 所示。

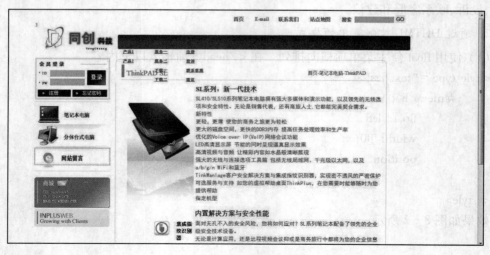

图 8-3 调整位置后的主菜单

(3) 调整主菜单项和子菜单样式, 在 </style> 之前输入以下内容：

```
#menu a {
    display: block;
    width: 80px;
    text-align: center;
    color: #FFF;
}
#menu a: link a: visited {
    text-decoration: none;
}
#menu a: hover  {
    text-decoration: none;
    font-weight: bold;
}
```

(4) 设置二级菜单条样式

```
#menu li ul {
    line-height: 27px;
    list-style-type: none;
    text-align: left;
    left: -999em;
    width: 980px;
    position: absolute;
    float: none;
}
```

position：absolute 使得二级菜单条使用绝对定位,该定位将二级菜单条从正常文档中移除。left：-999em 将二级菜单从屏幕中移除。由于 float 属性具有继承性,因此需要使用 float:none 来清除主菜单项 float:left 的影响。效果如图 8-4 所示。

图 8-4　设置二级菜单样式后的效果

（4）设置其他样式。在 </style> 前输入如下内容：

```
. #menu li ul li{
     width: 80px;
     background: #F6F6F6;
     float: none;
}
#menu li ul a{
     display: block;
     width: 80px;
     text-align: center;
}
#menu li ul a: link    {
     color: #666;
     text-decoration: none;
}
#menu li ul a: visited    {
     color: #666;
     text-decoration: none;
}
#menu li ul a: hover    {
     color: #F3F3F3;
     text-decoration: none;
     font-weight: normal;
     background: #C00;
}
```

3. 编写 JavaScript 控制菜单的显示和隐藏

（1）通过 javascript 访问主菜单条及主菜单项，在 </head> 前输入如下内容：

```
<script type =text/javascript>
function bindMenu() {
     //得到 id 为 nav 的 ul, 即主菜单条
     var menuBar =    document. getElementById("menu");
     //得到主菜单条的所有主菜单项
     var menuItems = menuBar. getElementsByTagName("li");
}
</script>
```

（2）为主菜单项编写 mouseover 事件处理代码。mouseover 事件在鼠标经过 html 元素时发生。当鼠标经过主菜单项时，主菜单项的 mouseover 事件触发，在 onmouseover 事件处理程序中将子菜单显示。在本实验步骤 2 中的第 4 小步骤中将子菜单的 left 设置为 -999em 使得子菜单不在屏幕中显示，因此只要设置子菜单的 left 为 0em 就可以将子菜单显示，步骤如下：

a. 定义子菜单显示时的样式,在 </style> 前输入以下样式:
```
#menu li.display_on ul {
    left: 0;
}
```
该样式指明了具有 display_on 类名的主菜单项下的子菜单 left 属性为 0,以达到显示子菜单的目的。

b. 为主菜单项编写 mouseover 事件处理程序,修改 bindMenu 函数,代码如下(粗体下划线内容为新增加):
```
function bindMenu() {
    //得到 id 为 nav 的 ul,即主菜单条
    var menuBar = document.getElementById("nav");
    //得到主菜单条的所有主菜单项
    var menuItems = menuBar.getElementsByTagName("li");

    for (var i=0; i<menuItems.length; i++) {
        //处理 mouseover 事件
        menuItems[i].onmouseover = function() {
            if(this.className.lastIndexOf("display_on") == -1) {
                //通过为主菜单项添加类 display_on 达到显示子菜单的目的
                this.className += " display_on ";
            }
        }
    }
}
```

(3) 为主菜单项编写 mouseout 事件处理程序。该事件在鼠标从 HTML 元素上移走时发生,当该事件发生时需要将二级菜单再次隐藏。在第(2)步中,通过将一级菜单项设置类名"display_on"达到了显示二级菜单的目的,在本事件处理函数中只需要移除一级菜单项的"display_on"类名,即可以达到修改 bindMenu 函数,代码如下(粗体下划线内容为新增加):
```
function bindMenu() {
    //得到 id 为 nav 的 ul,即主菜单条
    var menuBar = document.getElementById("nav");
    //得到主菜单条的所有主菜单项
    var menuItems = menuBar.getElementsByTagName("li");

    for (var i=0; i<menuItems.length; i++) {
        //处理 mouseover 事件
        menuItems[i].onmouseover = function() {
            if(this.className.lastIndexOf("display_on") == -1) {
```

```
            //通过为主菜单项添加类 display_on 达到显示子菜单的目的
            this.className += " display_on ";
        }
    }
    //处理 mouseout 事件
    menuItems[i].onmouseout = function() {
      if(this.className.lastIndexOf("display_on") == -1) {
            //通过为主菜单项去除类 display_on 达到隐藏子菜单的目的
            this.className = this.className.replae(" display_on ","");
        }
    }

  }
}
```

（4）调用 bindMenu 函数。在 </script> 前编写代码：
window.onload = bindMenu;

5. 实验思考

本实验第三大步骤可以采用 css 伪类达到相似效果，其思路是当鼠标停留在主菜单项上时(#menu li:hover)，设置二级菜单条的 left 属性。

实验九 使用 DHTML、JavaScript 完成注册功能

一、实验目的

(1) 学会使用 display 属性控制文档元素的显示和隐藏。
(2) 掌握使用 filter,opacity 和 backcolor 属性来控制背景颜色和透明度。
(3) 掌握蒙板效果的原理和制作。
(4) 掌握使用 javascript 操作 css style 的方法。
(5) 掌握使用 JavaScript 正则表达式的使用。
(6) 掌握 html form 提交验证方法和原理。

二、实验内容及要求

本次实验用 DHTML 和 JavaScript 制作带有蒙板效果的注册页面。在表单提交前采用 JavaScript 以及正则表达式进行数据验证。

参考样页 register_finish.html(效果见图 9-1),完成本实验的所有内容。本实验的素材在所配套实验素材 EX09 文件夹中。

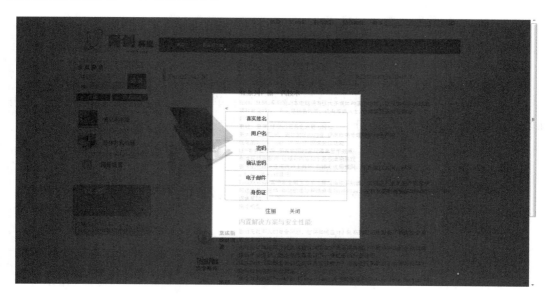

图 9-1 实验九最终效果

三、实验步骤

1. 编写注册相关 html 元素

（1）新建页面

新建一个普通的 HTML 页面，命名为 test.html。编写蒙板 div。在 </body> 前输入以下内容：

`<div id="mask">`

`</div>`

该 div 将作为注册功能的容器，并且将通过给该 div 应用 css 样式使得其具有蒙板效果。编写注册功能 html form(表单)。在刚刚输入的 div 内部输入以下内容：

`<form id="registerFrm" action="register.asp" method="post" onsubmit="return validLogin();">`

`</form>`

html form(表单)是一个提交单位。当表单中的某个 sumbit 或者按钮被单击时，表单的提交发生。这时窗体的 onsubmit 事件被触发。上述 HTML 代码生成了一个表单，action 属性值为 register.asp 表明了窗体如果被成功提交，将由 register.asp 页面在服务器端处理登录。onsubmit 属性值是一个函数调用，return validlogin() 表示调用 validLogin 函数，并且将函数执行的返回值作为 onsubmit 属性值。onsubmit 属性值如果为 false，则提交行为被取消；否则将提交给 action 属性所指定的 URL 处理(在本例中即为 register.asp)。

（2）设计表单元素

在第(1)步设计的 form 内部输入以下内容：

`<fieldset>`

    `<legend>注册新用户</legend>`

    `<input type="submit" value="注册" />`

    `<input id="btnClose" type="button" value="关闭" />`

`</fieldset>`

第一个 input 是提交按钮，该按钮单击时将触发表单提交事件。第二个 input 是一个按钮，该按钮的作用是单击关闭蒙板。效果如图 9-2 所示。

图 9-2 添加了 2 个 input 的效果图

（3）测试表单提交行为

修改"注册"和"关闭"的 click 事件处理编写 javascript 代码如下：

`<input type="submit" value="注册" onclick="alert('验证将要开始');" />`

`<input id="btnClose" type="button" value="关闭" onclick="alert('关闭蒙板'); return false;" />`

在 </head> 前编写 javascript 代码如下：

```
<script language" =javascript" type ="text/javascript">
    function validLogin() {
        alert("验证通过");
        return true;
    }
</script>
```

上述代码为第二个 input 按钮添加了 click 事件处理,由于返回值为 false,因此表单的提交行为不会发生,因此 validLogin 函数不会被调用,"验证通过"提示信息不会出现。效果如图 9-3 所示。

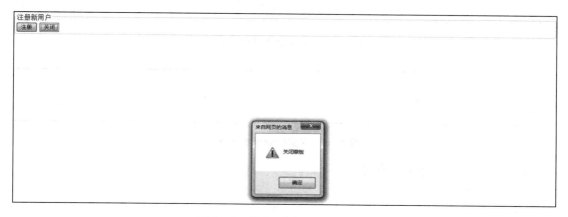

图 9-3 单击"关闭"按钮时效果

标题为"注册"的提交按钮在其 click 事件处理中,没有显式的返回 false,因此表单的提交事件会被触发。同时由于在 validLogin 函数中返回了 true,因此该表单会被提交到 register.asp 处理。其效果图如图 9-4 至 9-6 所示。

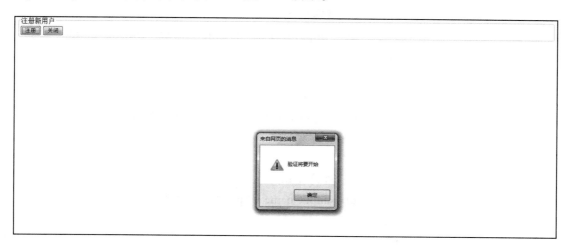

图 9-4 提交按钮单击提示 1

图 9-5　提交按钮单击提示 2

图 9-6　提交按钮单击提示 3

（4）完成注册表单的所有内容

表单完整代码如下：

```html
<div id="mask">
    <form id="registerFrm" action="register.asp" onsubmit="return validLogin();">
    <fieldset>
        <table>
            <tr>
                <td>真实姓名</td>
                <td> <input name="rName" type="text" /> </td>
            </tr>
            <tr>
                <td>用户名</td>
                <td> <input name="uName" type="text" /> </td>
            </tr>
            <tr>
                <td>密码</td>
                <td> <input name="pwd" type="password" /> </td>
            </tr>
            <tr>
                <td>确认密码</td>
                <td> <input name="pwd2" type="password" /> </td>
            </tr>
```

```
                <tr>
                        <td>电子邮件</td>
                        <td> <input name="email" type="text" /> </td>
                </tr>
                <tr>
                        <td>身份证</td>
                        <td>    <input name="identity" type="text" /> </td>
                </tr>
            </table>
            <div id='div1'>
                    <input type="submit" value="注册" onclick="alert('验证将要开始');" />
                    <input id="btnClose" type="button" value="关闭" onclick="alert('关闭蒙板'); return false;"/>
                <div>
            </fieldset>
        </form>
    </div>
```

其效果如图 9-7 所示。

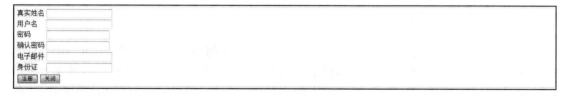

图 9-7 注册表单初稿效果

2. 通过 DHTML 生成蒙板效果

（1）设置蒙板 div 的背景，边框和定位

在 </head> 前输入以下内容：

```
<style type="text/css">
    #mask
    {
        position: absolute;
        background: black;
        border: solid 1px;
    }
</style>
```

position 属性为 absolute 将使得蒙板 div 及其内部元素从正常文档流中分离，背景色为全黑色是为了下面的透明效果做准备。效果如图 9-8 所示。

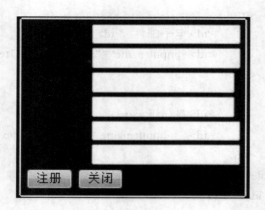

图 9-8　设置背景,边框和定位后的蒙板 div

(2) 设置透明效果

将 id 为 mask 的 div 样式改为:

```
#mask
{
        position: absolute;
        background: black;
        border: solid 1px;
        filter: alpha(opacity:50);
        opacity: 0.50;
}
```

其中粗体加下划线部分为在步骤(1)基础上新添加的内容。filter 和 opacity 属性都可以用来设置背景的透明度。filter 属性为 IE 所支持,其他某些浏览器不支持该属性;而 opacity 是 css 标准属性,但是 IE 部分版本的浏览器不支持该属性。通过同时设置 filter 和 opacity 可以解决浏览器兼容问题。效果如图 9-9 所示。

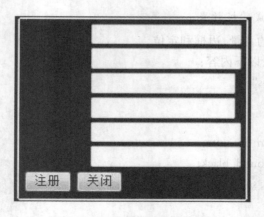

图 9-9　设置透明属性后的效果

(3) 编写被遮挡的测试内容

为了显示蒙板效果,在本步骤中向文档添加正常元素,在 <body> 后输入下面内容:

```
<div id='content'>
    <a href='#'>蒙板下的内容</a>
</div>
```
效果如图9-10所示。

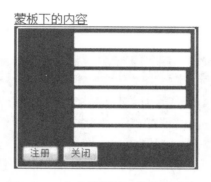

图9-10 向文档添加正常元素后效果

可以看到蒙板并没有遮挡住正常文档内容,该问题可以通过下面的步骤来解决。
(4) 设置蒙板的左上角位置
为蒙板添加left和top属性,代码如下:

```
#mask
{
    position: absolute;
    background: black;
    border: solid 1px;
    filter: alpha(opacity:50);
    opacity: 0.50;
    left:0px;
    top:0px;
}
```

其中粗体加下划线代码是新添加内容。通过设置left和top,可以看到文档中的超链接被遮挡且不能被单击。效果如图9-11所示。

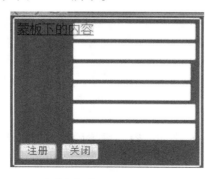

图9-11 为蒙板添加left和top属性后的效果

(5) 设置文档正常内容宽带和高度来测试蒙板的遮挡效果

修改 id 为 content 的 div 为：

<div id ='content' style ='width: 600px; height: 800px; background: red'>

 <a href ='#'>蒙板下的内容 </a>

</div>

设置后的效果如图 9-12 所示。

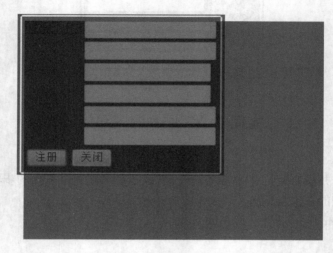

图 9-12 设置文档正常内容宽带和高度后的遮挡效果

可以看到正常文档元素并没有被蒙板完全遮挡。需要设置蒙板的宽度和高度来解决此问题。

(6) 设置蒙板的高度和宽度

修改蒙板 div 的样式为：

#mask

{

 position: absolute;

 background: black;

 border: solid 1px;

 filter: alpha(opacity: 50);

 opacity: 0.50;

 left: 0px;

 top: 0px;

 width: 1000px;

 height: 2000px;

}

其中粗体加下划线代码是新添加内容。设置后效果如图 9-13 所示。

图 9-13 设置蒙板的高度和宽度后的效果

（7）设置蒙板的字体颜色和 z-index

修改蒙板 div 的样式为：

#mask
{
    position: absolute;
    background: black;
    border: solid 1px;
    filter: alpha(opacity: 50);
    opacity: 0.50;
    left: 0px;
    top: 0px;
    width: 1000px;
    height: 2000px;
    z-index: 10000;
    color: White;
}

其中粗体加下划线代码是新添加内容。z-index 属性（默认值为 0）表明了在 z 方向上元素的顺序，z-index 属性值最大的在最上面。设置后效果如图 9-14 所示。

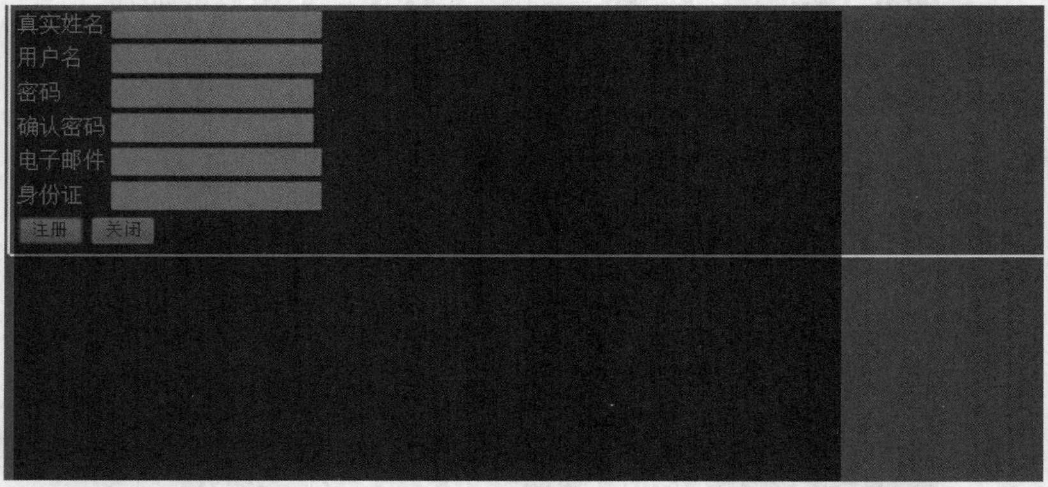

图 9-14　设置蒙板的字体颜色和 z-index 后的效果

（8）隐藏蒙板

蒙板一般在初始状态下是隐藏的，当用户进行某个操作时被显示（例如，单击某个按钮）。为了在初始状态下隐藏蒙板，为蒙板 div 编写属性如下：

```
#mask
{
    position: absolute;
    background: black;
    border: solid 1px;
    filter: alpha(opacity:50);
    opacity: 0.50;
    left: 0px;
    top: 0px;
    width: 1000px;
    height: 2000px;
    z-index: 10000;
    color: White;
    display: none;
}
```

display:none 是新添加内容，通过设置此属性值为 none 可以达到隐藏元素的目的。页面效果如图 9-15 所示。

可以看到蒙板完全被隐藏了。

图 9-15 设置 display 属性后的效果

(9) 编写 javascript 使得超链接被单击时蒙板显示

为"蒙板下的内容"超链接设置单击事件处理代码如下：

`<a href='#' onclick='return display();'>蒙板下的内容</a>`

超链接的单击事件处理代码如果返回 false，将不会跳转到超链接的 href 属性所指定的地址。编写 display 函数，在 </script> 前输入代码如下：

```
function display() {
    var maskDiv = document.getElementById('mask');
    maskDiv.style.display = 'block';
    return false;
}
```

该段代码先找到 id 为 mask 的 div，然后设置其 css style 的 display 属性值为 block，这样将使得蒙板 div 显示出来，效果如图 9-16 所示。

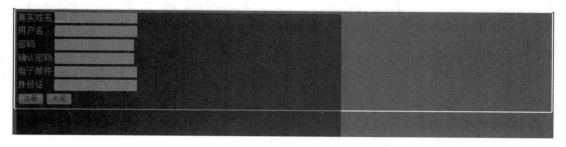

图 9-16 单击超链接显示蒙板

(10) 调整蒙板大小使得其恰好占满页面

修改 display 函数代码如下：

```
function display() {
    var maskDiv = document.getElementById('mask');
    var w = document.body.clientWidth;
```

```
        var h = document.body.clientHeight;
        maskDiv.style.width = w +"px";
        maskDiv.style.height = h +"px";

        maskDiv.style.display = 'block';

        return false;
    }
```

上述代码将蒙板 div 的宽度和高度设置为文档中 body 的客户区宽度和高度,达到了占满页面的目的(请思考蒙板 div 样式中的 height 和 width 属性是否还有意义,并亲手实验)。其效果如图 9-17 所示。

图 9-17 调整蒙板大小后的效果

(11) 通过 javascript 关闭蒙板

蒙板弹出后,单击蒙板中的"关闭"按钮可以关闭蒙板,修改"关闭"按钮事件处理代码如下:

```
<input id ="btnClose" type ="button" value ="关闭" onclick ="return hide();" />
```

编写 hide 函数。在 </script> 前输入代码如下:

```
function hide() {
    var maskDiv = document.getElementById('mask');
    maskDiv.style.display = 'none';

    return false;
}
```

通过将蒙板 div 的 display 样式设置为 'none', 达到了隐藏蒙板的目的。
（12）通过 css 样式单使得注册表单更加美观
在 </style> 前输入 css 代码如下：

```css
#mask fieldset
{
    border: inset 2px;
    background-color: #dfe8f7;
    padding: 30px;
    width: 300px;
    height: 300px;
}
```

设置表格样式。在 </style> 前输入如下内容：

```css
#mask fieldset table
{
    width: 100%;
    border: 1px solid #a0a0a0;
    border-collapse: collapse;
    color: black;
}
```

修改表格内容如下：

```html
<table>
    <tr>
        <td class ="td35r">
            真实姓名
        </td>
        <td class ="td65l">
            <input name ="rName" id ='rName' type ="text" />
        </td>
    </tr>
    <tr>
        <td class ="td35r">
            用户名
        </td>
        <td class ="td65l">
            <input name ="uName" id ='uName' type ="text" />
        </td>
    </tr>
    <tr>
        <td class ="td35r">
```

```html
                            密码
                        </td>
                        <
                        <td class="td65l">
                            <input name="pwd" id='pwd' type="password" />
                        </td>
                    </tr>
                    <tr>
                        <td class="td35r">
                            确认密码
                        </td>
                        <td class="td65l">
                            <input name="pwd2" id='pwd2' type="password" />
                        </td>
                    </tr>
                    <tr>
                        <td class="td35r">
                            电子邮件
                        </td>
                        <td class="td65l">
                            <input name="email" id='email' type="text" />
                        </td>
                    </tr>
                    <tr>
                        <td class="td35r">
                            身份证
                        </td>
                        <td class="td65l">
                            <input name="identity" id='identity' type="text" />
                        </td>
                    </tr>
                </table>
```

设置表格内元素样式。在</style>前添加样式内容：

```css
#mask td.td35r
{
    font-weight: bold;
    color: #111111;
    text-align: right;
    padding: 3px;
```

```css
    width: 35%;
    border: 1px solid #a0a0a0;
}
#mask td.td65l
{
    text-align: left;
    padding: 3px;
    width: 65%;
    border: 1px solid #a0a0a0;
    height: 30px;
}
input[type=text], input[type=password]
{
    width: 150px;
    border: #ffffff outset;
    font-size: 14px;
    border-width: 0px 0px 1px 0px;
    background-color: #dfe8f7;
    text-align: left;
}
```

设置按钮样式。使得按钮居中。在</style>前输入如下样式代码：

```css
#div1
{
    position: relative;
    top: 20px;
    left: 100px;
}
#btnClose
{
    margin-left: 30px;
}
```

其中 div1 样式的作用是将包容两个按钮的 div 相对于原来位置向右和下方移动 100px 和 20px，使得 2 个按钮开起来基本居中显示，并且与上面的元素拉开一小段距离，更加美观。然后修改测试 div 的样式为：

```html
<div id='content' style='width: 600px; height: 800px;'>
    <a href='#' onclick='return display();'>蒙板下的内容</a>
</div>
```

设置后效果如图 9-18 所示。

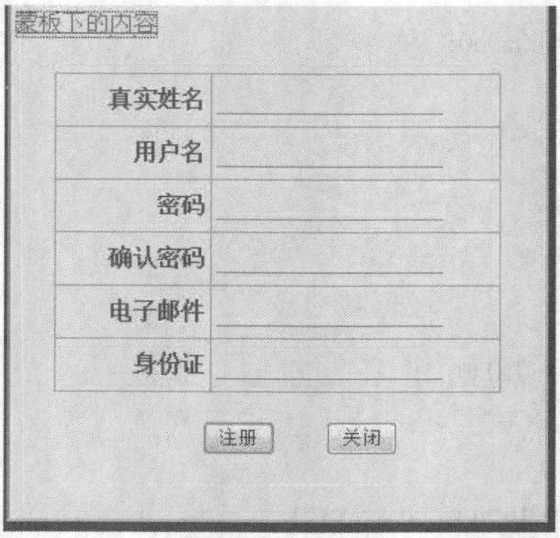

图 9-18 设置 css 样式后的注册表单效果

（13）通过 javascript 控制注册内容显示在页面的正中间

为蒙板下的 div 添加样式如下：

```
#mask fieldset
{
    border: inset 2px;
    background-color: #dfe8f7;
    padding: 30px;
    width: 300px;
    height: 300px;
    position: relative;
}
```

其中，position:relative;是新添加内容。该样式使得蒙板下的 fieldset 采用相对定位。采用了相对对位的元素可以使用 top 和 left 属性控制其相对于原来位置向下和右方做移动。为了方便访问 fieldset 元素，为其添加 id 属性值 'registerContent'，然后修改 display 函数如下：

```
function display() {
    var maskDiv = document.getElementById('mask');
    var w = document.body.clientWidth
    var h = document.body.clientHeight;
    maskDiv.style.width = w + "px";
    maskDiv.style.height = h + "px";

    maskDiv.style.display = 'block';

    var fieldset = document.getElementById('registerContent');
    fieldset.style.top = (h / 2 - 150) + 'px';
```

fieldset. style. left = (w / 2 - 150) + 'px';

return false;
}
其中,粗斜体加下划线代码是新添加内容。修改后效果如图 9 - 19 所示。

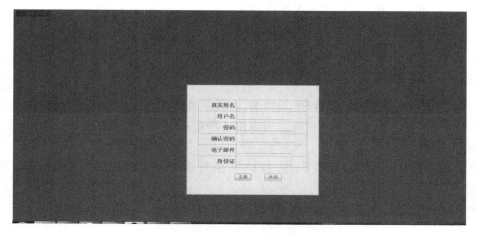

图 9 - 19 注册表单居中效果

(14) 完成验证函数 validLogin。修改 validLogin 函数代码为:
```
function validLogin() {
    var rName = document.getElementById('rName');
    var result = true;
    if (!rName.value) {
        alert('真实姓名不能为空');
        result = false;
    }
    var uName = document.getElementById('uName');
    if (!uName.value) {
        alert('用户名不能为空');
        result = false;
    }
    var pwd = document.getElementById('pwd');
    if (!pwd.value) {
        alert('密码不能为空');
        result = false;
    }
    var pwd2 = document.getElementById('pwd2');
    if (pwd2.value != pwd.value) {
        alert('两次密码输入不一致');
```

```
            result = false;
        }
        var email = document.getElementById('email').value;
        //为空或者不存在@字符
        if (!email || email.indexOf('@') == -1) {
            alert('电子邮件格式不正确');
            result = false;
        }
        return result;
    }
```

上述代码验证规则为：真实姓名、用户名、密码不能为空；二次密码必须和密码一致；电子邮件不能为空且必须包含'@'符号。为身份证的验证定义函数 validIndentity 如下：

```
    /**
    ** 身份证验证函数，验证规则为：待验证字符串 17 位数字开头，最后一位是任意 ASCII 字符
    ** 接受一个参数 v，表示待验证的字符串
    ** 返回一个 bool 值，返回值表明了参数 v 所代表的字符串是否符合身份证验证规则
    ** 如果 v 是一个身份证，则返回 true，否则返回 false
    */
    function validIdentity(v) {
        //17 位数字 +1 位任意 ASCII 字符
        var reg = /^\d{17}\w$/;
        return reg.test(v);
    }
```

修改 validLogin，在 return false; 前添加如下代码：

```
        var identity = document.getElementById('identity').value;
        if (!validIdentity(identity)) {
            alert('身份证不正确');
            result = false;
        }
```

（选做）新公民身份证号码按照 GB11643—1999《公民身份证号码》国家标准编制，由 18 位数字组成：前 6 位为行政区划分代码，第 7 位至 14 位为出生日期码，第 15 位至 17 位为顺序码，第 18 位为校验码。请考虑第 7—14 位，完善 validIdentity 函数。

（选做）在本实验的第 14 步中，采用 alert 函数来进行验证提示，请考虑使用一个隐藏 div 来实现验证提示。当验证未通过时，该 div 显示在表单底部，并且在该 div 中显示验证提示。

新建一个 asp 页面，保存为 register.asp，修改 <body></body> 内容如下：
<body>注册成功</body>

打开 ex9 文件夹下的 register.html 页面，页面效果如图 9-20 所示。

图 9-20 register.html 效果

参照本实验的前述步骤,完成"技术支持"主菜单项下的二级菜单项"注册"对应功能。

实验十 使用 Ajax 加载内容

一、实验目的

(1) 掌握 javascript 类的定义及对象的创建和使用。
(2) 掌握 ajax 的原理。
(3) 掌握使用 ajax 动态更新页面部分内容。

二、实验内容及要求

本次实验定义 AjaxHelper 类,并且通过创建 AjaxHelper 对象来动态地改变页面的部分内容。

最终效果页面参见 ajax_finish.html。本实验的素材在所配套实验素材 EX10 文件夹中。需要注意的是,由于 ajax 需要和服务器进行交互,建议将 EX10 文件夹以网站名 ajax 发布到 IIS 中,并且所有实验内容都在该文件夹下进行。

三、实验步骤

1. 编写 AjaxHelper 类
(1) 新建文档

新建一个 JavaScript 文档,命名为 AjaxHelper.js。编写构造函数 AjaxHelper。在 AjaxHelp.js 中输入如下内容:

```javascript
/*-----------构造函数------------------*/
function AjaxHelper() {
    // 适用于 IE7 +, Firefox, Chrome, Opera, Safari 浏览器
        if (window. XMLHttpRequest)
        {
                this. xmlhttp = new XMLHttpRequest();
        }
        else //适用于 IE6 && IE5 浏览器
        {
                this. xmlhttp = new ActiveXObject("Microsoft. XMLHTTP");
        }
}
```

上述代码针对不同的浏览器采用不同的方法来创建一个 xmlHttp 对象。
(2) 编写发送 get 请求方法 sendGet
在构造函数 AjaxHelper 后输入以下内容：
/*――――――――发送 get 请求方法――――――――――― */
/**
** 发送一个 get 请求,url 是请求处理地址
** callBackfun 是浏览器在接受到服务器对本次请求回应后的处理回调函数
**/
AjaxHelper.prototype.sendGet = function(url, callBackfun) {
　　var tmp = this.xmlhttp;
　　tmp.onreadystatechange = function() {
　　　　if (tmp.readyState == 4 && tmp.status == 200) {
　　　　　　callBackfun(tmp.responseText);
　　　　}
　　}
　　tmp.open("GET", url, true);
　　tmp.send();
}

该方法接受两个参数：url 和 callBackfun。url 指定了请求地址。callBackfun 是一个函数类型的参数,该参数指定了当请求发送给服务器,服务器对请求作出响应并且将响应内容回送给浏览器后,如何处理响应内容。callBackfun 参数所引用的函数需要接受一个字符串类型的参数,此参数就是服务器对本次请求的响应内容。

在 sendGet 方法内部,首先设置 XmlHttpRequest 对象的 onreadystatechange 回调函数,此函数当请求状态发生改变时被浏览器自动调用。XmlHttpRequest 对象的 readyState 属性为 4 且 status 属性为 200 时,表明针对本次请求的服务器响应内容已经到达,此时通过调用 callBackfun 来处理服务器响应。

发生 ajax 请求分为两个步骤,首先通过 open 方法来对请求进行初始化,然后通过 send 方法发生请求。

(4) 编写测试页面 test.htm
新建一个 html 空白页面,保存为 test.htm,在 </body> 前输入如下内容：
```
<a href='#' onclick='return testSend()'>测试 send</a>
```
在 </head> 前输入如下内容：
```
<script type="text/javascript" src="AjaxHelper.js"></script>
<script type="text/javascript" language="javascript">
    var req = new AjaxHelper();
    function testSend() {
        req.sendGet("testSend.htm",
            function(res) {
                alert(res);
```

```
            }
        );
    }
</script>
```

（5）编写服务器响应内容页面 testSend.htm

新建一个 html 空白页面保存为 testSend.htm，删除该文件中的所有内容，然后输入如下内容：

服务器接收到了请求，发出了响应

在浏览器中输入地址 http://localhost/ajax/test.htm，然后单击链接，效果如图 10-1 所示。

图 10-1 Ajax 测试效果 1

（6）编写发送带参数的 get 请求方法 sendGet2

在步骤 4 中定义的方法 sendGet，通常用于发送不带参数的 get 请求。为了方便使用，定义处理带参数 get 请求的方法 sendGet2 如下：

```
/*----------------发送 get 请求方法,带请求参数--------------------*/
/**
** 发送一个 get 请求,url 是请求处理地址
** paraData 是一个 object 对象,该对象的属性作为参数加在 url 后面
** callBackfun 是浏览器在接收到服务器对本次请求回应后的回调处理函数
**/
AjaxHelper.prototype.sendGet2 = function(url, paraData, callBackfun) {
    var t = new Array();
    for (var s in paraData) {
        t.push(s + '=' + paraData[s]);
    }
    var u = url + '?' + t.join('&');
```

this.sendGet(u,callBackfun);
}

该函数首先第二个参数 paraData 的所有属性以"属性名 = 属性值"的形式放入一个数组 t,然后通过数组的 join 方法拼接如"属性1 = 值 & 属性2 = 值2"形式的字符串。假设 paraData 的值为{id:2,name:'a'},那么经过 for 循环后,t 数组中的第一项为字符串 'id = 2',第二项为字符串 'name = a'。t.join('&') 表达式的值为 'id = 2&name = a'。

定义了 sendGet2 方法后,可以通过 sendGet2("a.asp",{id:2},fun) 的形式发送 a.asp?id = 2 的 ajax 请求。

(7) 编写 snedGet2 方法的测试代码

在 test.htm 文件中添加超链接如下:
<a href = '#' onclick = 'return testSend2()'>测试 send2 </a>

编写 testSend2 函数。在 </head> 前添加代码如下:
```
function testSend2() {
    req.sendGet2("testSend2.asp", { id:23 },
                function(res) {
                    alert(res);
                }
    );
}
```

编写 testSend2.asp 文件。在 DreamWeaver 中新建一个 ASP VBScript 页面,保存为 testSend2.asp。修改该页面内容如下:
<% @LANGUAGE = "VBSCRIPT" CODEPAGE = "65001"%>
<% response.Write(request.QueryString("id")) %>

在浏览器中输入地址 http://localhost/ajax/test.htm。点击"测试 send2"链接效果如图10-2所示。

图 10-2 Ajax 测试效果 2

(8) 定义 load 方法。在 ajax 应用中,频繁的使用方式是:发送一个 ajax 请求,然后将服务器的响应内容填充到页面中的一个元素中。load 方法就是满足此类的需要,本质上可以将该方法理解为是 sendGet 和 sendGet2 的快捷方式。load 方法定义如下:

```
/*--------------------load 方法定义--------------------------*/
/**
** 该方法发送一个 ajax 请求,url 参数指定了请求地址
** paraData 是一个 object,该对象的属性作为 get 请求参数
** 当服务器对本次 ajax 请求响应后,响应内容将作为某个元素(通常为 div)的子内容
** containerId 指定了容纳响应内容的元素 id
**/
AjaxHelper.prototype.load = function(url, paraData, containerId) {
    if (paraData) {
        this.sendGet2(url, paraData,
            function(res) {
                var con = document.getElementById(containerId);
                con.innerHTML = res;
            }
        );
    }
    else {
        this.sendGet(url,
            function(res) {
                var con1 = document.getElementById(containerId);
                con1.innerHTML = res;
            }
        );
    }
}
```

定义了此方法后,可以通过 load('a.asp',{id:23},'div1') 方法调用向 a.asp?id=23 发送 ajax 请求,响应内容将被放入 id 为 'div1' 的元素中。

(9) 测试 load 方法。在 test.htm 文件中增加一个超链接和一个 div,内容如下:
```
<a href='#' onclick='return testLoad()'>测试 load</a>
<div id='div1'></div>
```
在 </head> 前添加 JavaScript 代码如下:
```
function testLoad() {
    req.load("testload.htm", null, 'div1');
}
```
新建一个空白 html 页面,保存为 testload.htm,然后将页面中的所有内容删除,再添加如下内容:

`<div>`这是服务器回应内容`</div>`

在浏览器中输入网址 http://localhost/ajax/test.htm 页面,然后单击"测试 load"超链接,显示效果如图 10-3 所示。

图 10-3 load 方法测试效果

2. 完成 ajax.html 的设计

(1)新建页面

打开 Ex10 文件夹下的 ajax.html 页面,在 ajax.html 文件中 `</head>` 前删除 window.onload 所在行代码,然后输入如下内容:

```
<script type="text/javascript" src="AjaxHelper.js"></script>
```

在 `</style>` 前输入以下内容:

```
#submain_topcenter span.selected
{
        background-color: Gray;
        color: White;
}
```

在 `</head>` 前输入以下代码:

```
<script language="javascript" type="text/javascript">
    window.onload = function() {
        bindMenu();
        var spanes = [document.getElementById('type1'),
            document.getElementById('type2'), document.getElementById('type3')];
        for (var x = 0; x < spanes.length; x++) {
            spanes[x].onclick = function() {
                this.className = 'selected';
                for (var i = 0; i < spanes.length; i++) {
                    if (spanes[i] != this) {
                        spanes[i].className = '';
                    }
                }
            }
        }
    }
```

</script>

id 为 'typ1','typ2' 和 'type3' 的三个 span 作为导航条。本次实验中,单击任意一个将动态加载该导航条对应产品内容到下方的 div 中。比如单击 < span id = 'type1' > SL 系列笔记本电脑 </span > ,将使得 SL 系列笔记本电脑的相关信息显示在下方 div 中。上述代码的作用是如果某个导航条被单击,为该导航条添加 css 类"selected",并且删除其他导航条的 css 类"selected",从而使得选中的导航条与其他导航条外观看上去不一样。在浏览器中输入网址 http://localhost/ajax/ajax.html 打开 ajax.html,效果如图 10-4 所示。

图 10-4　ajax.html 页面初步效果

单击"SL 系列笔记本电脑",效果如图 10-5 所示。

图 10-5　ajax.html 页面单击导航 1 效果

通常情况下，页面加载时应该显示第一个产品系列的内容，即"SL 系列笔记本电脑"，同时应该将第一个导航条用不同颜色显示以表示当前产品系列为"SL 系列笔记本电脑"。从图 10-5 可以看出，步骤（1）还不能满足此要求。

（2）主动调用第一个导航条的 onclick 函数

修改 window.onload 处理函数如下：

```
window.onload = function() {
    bindMenu();
    var spanes = [document.getElementById('type1'), document.getElementById('type2'),
                  document.getElementById('type3')];
    for (var x = 0; x < spanes.length; x++) {
        spanes[x].onclick = function() {
            this.className = 'selected';
            for (var i = 0; i < spanes.length; i++) {
                if (spanes[i] != this) {
                    spanes[i].className = '';
                }
            }
        }
    }
    spanes[0].onclick();
}
```

其中粗体加下划线代码是新添加内容。通过主动调用第一个 span 的 onclick 函数模拟了用户单击第一个导航条。在浏览器中输入网址 http://localhost/ajax/ajax.html，效果如图 10-6 所示。

（3）动态加载导航条对应内容

修改 window.onload 处理函数如下：

```
window.onload = function() {
    bindMenu();
    var helper = new AjaxHelper();
    var spanes = [document.getElementById('type1'), document.getElementById('type2'),
                  document.getElementById('type3')];
    var urls = ['sl.html', 'edge.html', 'x.html'];

    for (var x = 0; x < spanes.length; x++) {
        spanes[x].url = urls[x];
        spanes[x].onclick = function() {
            this.className = 'selected';
            for (var i = 0; i < spanes.length; i++) {
```

```
            if ( spanes[ i ]  !  =  this) {
                spanes[ i ] . className  = '';
            }
        }
        helper. load( this. url,  null,  'submain_middlecenter2') ;
    }
    spanes[0] . onclick( ) ;
}
```

其中粗体加下划线代码是新添加内容。上述代码实现了如下功能：当第一个导航条被单击时，在 id 为 'submain_middlecenter2' 的 div 中显示 sl. html 页面内容；单击第二个导航条则在同一 div 中显示 edge. html 页面内容；单击第三个则显示 x. html 页面内容。打开 EX10 文件夹下的 sl. html、edge. html 和 x. html 文件，可以看到这三个文件存放的是 html 片段而非完整的 html 文件定义。在浏览器中输入网址 http://localhost/ajax/ajax.html，分别单击三个导航条的效果如图 10-6 到 10-8 所示。

图 10-6　ajax. html 页面导航 1 单击最终效果

图 10-7 ajax.html 页面导航 2 单击最终效果

图 10-8 ajax.html 页面导航 3 单击最终效果

（选做）在本次实验中的 AjaxHelper 类仅仅用于处理 get 请求,请为该类添加方法 sendPost 和 sendPost2 处理 post 请求。

实验十一　使用 Photoshop CS5 制作网站 Logo、Banner

一、实验目的

（1）了解 Logo 和 Banner 设计的基本要求。
（2）掌握图层的基本操作和图层样式的运用。
（3）掌握图层蒙版的应用。
（4）掌握羽化的应用和滤镜的使用。

二、实验内容及要求

1. 制作网站 Logo

Logo 是根据整体网站风格的类型进行设计的，企业网站的 Logo 一般比较稳重，而个人网站的 Logo 可以设计得更具个性。一般来说，Logo 是网站识别的重要标志，它使网络浏览者更便于选择。一个好的 Logo 设计应具备以下几个条件：

（1）符合国际标准。目前，网站 Logo 主要有三种规格：一种是 88×31，这是互联网上使用最普遍的 Logo 规格，另一种是 120×60，这种规格用于一般大小的 Logo；还有一种是 120×90，用于大型的 Logo。
（2）传达网站的类型信息。
（3）风格独特，设计精美，形式简明、清晰。
（4）Logo 通常位于网页的左上角，也可以根据需要灵活调整其位置。
（5）Logo 可以是动态的，但动态效果不应太强，而且不是所有的站点都适合使用动态效果。

2. 制作网站 Banner

当用户访问一个网站的时候，第一屏的信息展示是非常重要的，它在很大程度上影响了用户是否决定停留，因此网页 Banner 设计起到了至关重要的展示作用。设计一个好的 Banner，应注重文字、创意和素材等三大因素。

（1）明确的信息传达。
（2）合适的创意。
（3）优良的素材。

本实验以 Photoshop CS5 为工具，制作"同创科技"网站的 Logo 和 Banner，效果如图 11-1中所示。

实验十一　使用 Photoshop CS5 制作网站 Logo、Banner | 121

图 11-1　同创科技网站中 **Logo** 和 **Banner** 展示图

三、实验步骤

1．制作网站 Logo

（1）新建文件

启动 Photoshop CS5，单击菜单【文件】/【新建】命令，设置弹出的对话框如图 11-2 所示。

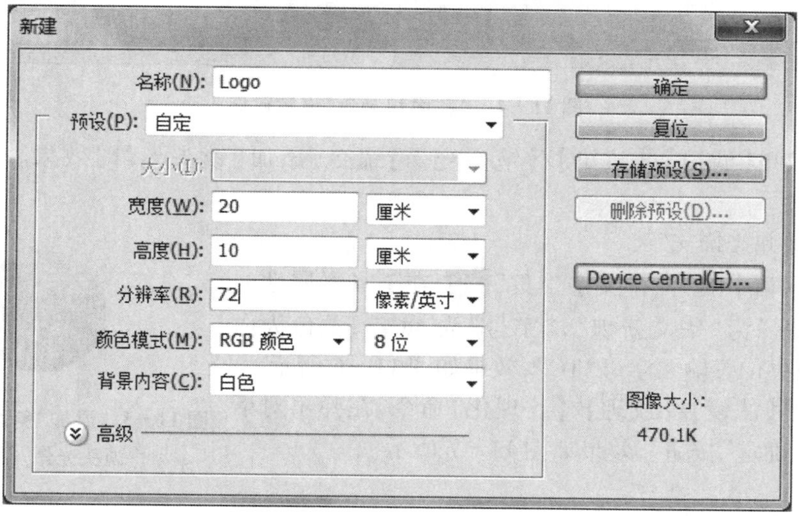

图 11-2　"新建"对话框

(2) 新建图层并画圆

单击菜单【图层】/【新建】/【图层】命令,新建"图层1"。选取工具箱中的"椭圆选框工具" ,按住【Shift】键在"图层1"上画一大小适中的圆形。在圆形区域单击右键选取【填充】,填充颜色设置为#3b6b9e,效果如图11-3所示。

图 11-3 画一圆形

(3) 添加"斜面和浮雕"与"镜头光晕"效果

单击菜单【图层】/【图层样式】/【斜面和浮雕】命令,设置弹出窗口如图11-4所示。

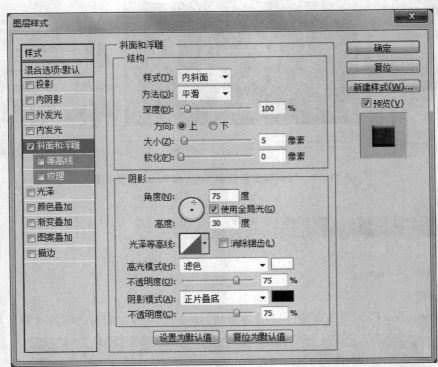

图 11-4 "斜面和浮雕"设置窗口

再单击菜单【滤镜】/【渲染】/【镜头光晕】命令,添加"镜头光晕"效果。如图11-5所示。

(4) 添加并修饰文字

选取工具箱中的"横排文字工具" ,在工具栏属性栏中,设置"字体"为"华文新魏","字号"为48点,颜色为白色,在圆形中央位置输入字母"TC",效果如图11-6所示。

单击菜单【滤镜】/【纹理】/【纹理化】命令,在弹出对话框上中单击"确定"按钮。效果如图11-7所示。

图 11-5 添加"斜面和浮雕"与"镜头光晕"后效果

图 11-6　输入"TC"　　　　图 11-7　文字"纹理化"效果

(5) 添加右侧文字

选取工具箱中的"横排文字工具" T ，在工具栏属性栏中，设置"字体"为"华文新魏"，"字号"为 36 点，颜色为黑色，在右侧输入"同创科技"，并参照步骤(3)设置"斜面和浮雕"效果，效果如图 11-8 所示。

图 11-8　添加文字后效果　　　　图 11-9　"同创科技"Logo

重新选取工具箱中的"横排文字工具" T ，在工具栏属性栏中，设置"字体"为"Times New Roman"，"字号"为 12 点，颜色设置为#7C1700，在"同创科技"下面输入"TONG CHUANG KE JI"。效果如图 11-9 所示。

(6) 保存文件

Logo 制作完毕，将其以"同创科技 Logo"文件名存储到 EX 文件夹中。

2. 制作网站 Banner

(1) 新建文件

启动 Photoshop CS5，单击菜单【文件】/【新建】命令，设置弹出的对话框如图 11-10 所示。

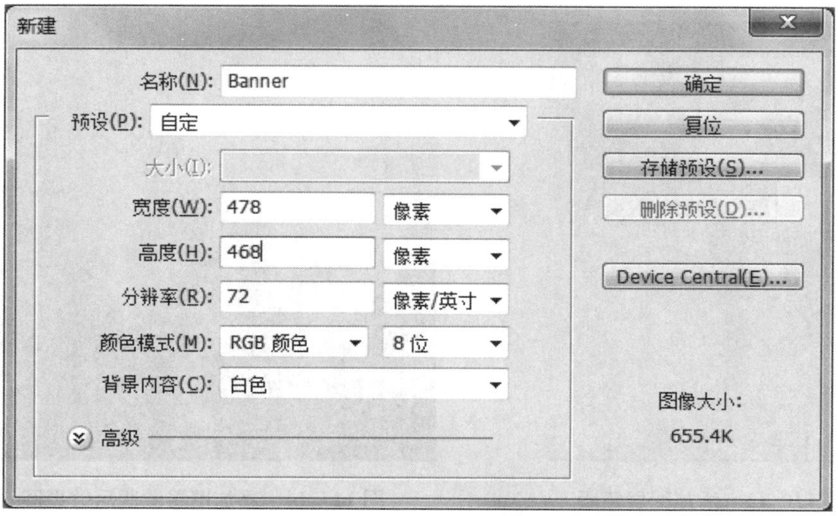

图 11-10　新建文件对话框

(2) 打开素材

单击菜单【文件】/【打开】命令，打开 EX 文件夹中的 background.jpg，building.jpg，hand.jpg 以及 globe.jpg 等素材。

(3) 添加并编辑"background"图片

在 Photoshop CS5 中，单击 background.jpg 窗口，让其处于激活状态。选取工具箱中的"矩形选框工具"，在图片上拉出一个比 Banner 略大的矩形，按"Ctrl + C"进行复制。切换到 Banner 窗口，按"Ctrl + V"粘贴。此时，粘贴的图片比原背景略大，如图 11 - 11。选择【编辑】/【变换】/【缩放】，按住"Shift"键拖动鼠标，将两者缩放到相同大小，如图 11 - 12。

图 11 - 11　背景缩放前　　　　　　　　　图 11 - 12　背景缩放后效果

(4) 添加图层蒙版

单击【窗口】/【图层】打开图层窗口，单击窗口下方的添加图层蒙版按钮，即给图层 1 添加了一蒙版，如图 11 - 13 所示。

图 11 - 13　添加图层蒙版　　　　　　　　图 11 - 14　添加图层蒙版后效果图

选取工具箱中的"渐变工具"，在工具属性栏第一项里选择"黑，白渐变"，将鼠标在背景图片上从上往下拖拽，背景图片发生变化，如图 11 - 14 所示。

(5) 添加"building"图片

激活"building"窗口,选取工具箱中的"矩形选框工具"[ ],将工具栏属性栏中的"羽化"值设为20px,选中图片下方的大楼,按"Ctrl + C"进行复制,如图11-15所示。

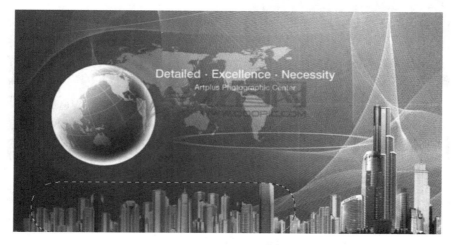

图 11-15 "羽化"选取"building"

激活"Banner"窗口,按"Ctrl + V"进行粘贴。选取工具箱中的"移动工具"[ ],将"Building"移动到适合的位置,如图11-16所示。

图 11-16 添加"building"后效果

(6) 添加并编辑"hand"图片

激活"hand"图片,选取工具箱中的"魔棒工具"[ ],单击图片中的背景,此时,魔棒选中了图片中的背景区域。单击菜单【选择】/【反向】,选中"hand"部分,按"Ctrl + C"进行复制,如图 11-17 所示。

图 11-17　选取"hand"

图 11-18　添加"hand"后效果

激活"Banner"窗口,按"Ctrl + V"进行粘贴。

参考步骤(3),将手缩放到适合大小。

参考步骤(5)中的移动方式,将手移到适合的位置。

效果如图 11-18 所示。

(7) 添加并编辑"globe"图片

激活"globe"窗口,选取"椭圆工具" ,按住"Shift",在地球图片上拉出和其一样大小或略小的圆形,进行复制。激活"Banner"窗口,粘贴图片,并将其缩放到适合大小,放在适合位置。如图 11-19 所示。

图 11-19　添加"globe"后效果

(8) 复制"globe"图片

单击【窗口】/【图层】,打开图层窗口,选中"globe"窗口,单击【图层】/【复制图层】,复制三个"globe"副本。分别进行缩放,放在适合的位置。如图 11-20。

图 11-20 复制"globe"图片后效果

(9) 调整"globe"副本的不透明度

选中一个"globe"副本,在图层窗口调整其"不透明度",如图 11-21 所示。将其他"globe"图层依次进行设置。效果如图 11-22 所示。

图 11-21 "globe"副本的不透明度设置   图 11-22 调整"globe"的"不透明度"后效果

(10) 添加文字

选取工具箱中的"横排文字工具",在工具栏属性栏中,设置"字体"为"Times New Roman","字号"为 20 点,颜色设置为#aa8a4b,在"Banner"的左上角书写"Tong Chuang",依此,第二行书写"Growing with clients",第三行书写"Welcome to visit our homepage",属性自设。效果如图 11-23 所示。

图 11-23　Banner 效果图

(11) 保存文件

单击【文件】/【存储为】,将文件以"Banner"名存储。

实验十二　使用 Photoshop CS5 切片布局网页

一、实验目的

（1）了解标尺和参考线的使用。
（2）掌握基于参考线切片的方法；掌握切片工具的使用。
（3）掌握切片原则和方法并应用于网页。

二、实验内容及要求

　　Photoshop 具有切片功能，并能够方便地导出切片以及包含切片的 HTML 文件。利用这种方法可以快速生成网页。切片时应遵循以下原则：

　　（1）根据原图的内容布局，确定整体的切分策略，即切分要有分块的思想，要在想象中将整个布局看成是一个两个 table，然后再具体到每个 table，考虑里面应该如何切。

　　（2）属性均匀的区域适合分为一个切片，均匀主要是指颜色和形状都没有变化，或者在 X 或在 Y 方向上没有变化。

　　（3）属性渐变的区域适合分为一个切片，渐变有两种表现形式：颜色渐变、形状渐变。

　　（4）尽量依靠参考线。参考线能保证我们切出图在同一表格中的尺寸统一协调，有效避免"留白"和"爆边"。

　　（5）Logo 和 Banner 必切。如果效果图中存在 Logo 和 Banner，我们必须切片这部分。

　　（6）虚线和转角形状必切。虚线和转角形状在 DreamWeaver 不能实现，只能使用 Photoshop 切片。

　　（7）导航条必切。一般情况下导航条都是特别设计的，其效果在 DreamWeaver 下不能实现，因此必须形成切片供后期使用。

　　（8）有效存储切片。存储切片的文件夹必须位于站点的根目录下，文件夹名必须是英文名字。存储切片时用"文件—存储为 Web 所用格式"命令。切片文件一般存为 Gif 格式，占用体积小。要求较高的图像存储为 JPEG 格式，JPG 格式显示更多的图片细节。

　　将 EX12 文件夹中的"同创科技.psd"，如图 12-1 所示，进行合理切片并存储。

图 12-1　切片原图

三、实验步骤

1. 打开文件

启动 Photoshop CS5,单击菜单【文件】/【打开】命令,设置弹出的对话框如图 12-2 所示,打开"同创科技.psd"文件。

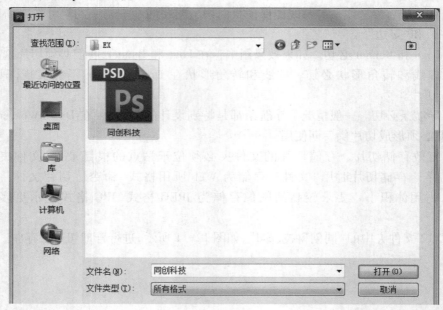

图 12-2　"打开"对话框

2. 基于参考线切片

(1) 显示"标尺"

单击【视图】/【标尺】菜单,"标尺"即在窗口显示,如图 12-3 所示。

图 12-3　添加"标尺"工具

(2) 新建参考线

在左边标尺上按住左键,向右拖拽至"同创科技"图的合适位置松开。即刻新建了一条参考线,如图 12-4 所示。依此方法,新建 4 根参考线,如图 12-5 所示。

提示:如果要删除参考线,鼠标选中参考线,将其往标尺处拖拽,即删除该参考线;如果参考线位置不理想,鼠标选中参考线,拖拽至理想位置;若需要微调,可按住 Ctrl 键拖拽。

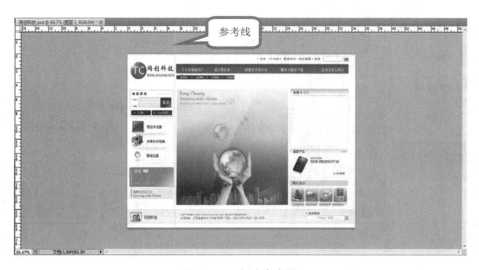

图 12-4　新建参考线

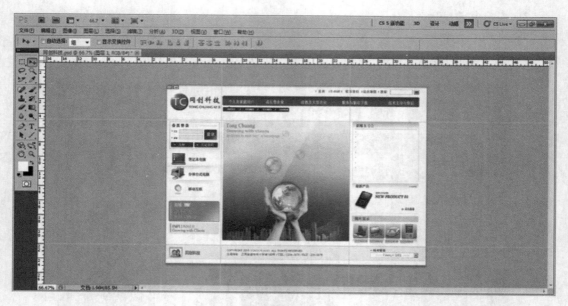

图 12-5　新建 4 根参考线

（3）基于参考线切片

选取工具箱中"切片工具"　，在工具属性栏中点击"基于参考线的切片"，则原图被切为 9 个小块，如图 12-6 所示。

图 12-6　基于参考线的切片

3. 手动切片

（1）组合切片

基于参考线切片后,某些切片块不能满足需求,则需要进一步加工。如图 12-6 中,右上角的"02"和"03"切片应进行组合。

选取工具箱中"切片选取工具"，按住 Shift 键,同时选取"02""03"切片,单击鼠标右键,选择"组合切片",则将两切片块组合,效果如图 12-7 所示。

图 12-7　组合切片

（2）划分切片

根据前面所述的切片原则,应对导航条进行再切片。选取组合后的"02"切片,右击选取"划分切片",设置弹出对话框如图 12-8 所示。效果如图 12-9 所示。

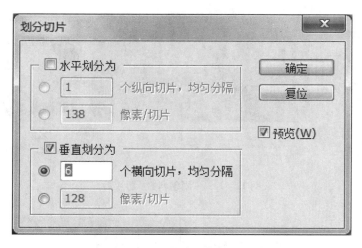

图 12-8　"划分切片"对话框

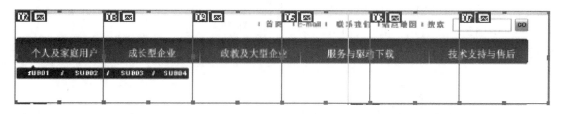

图 12-9　"划分切片"后效果

此时,6 个切片为等分切片,按照导航条中具体布局调整每个切片大小,效果如图 12-10 所示。

图 12-10　导航条切片后效果

依照上述方法,切片划分如图 12-11 所示。

图 12-11　"同创科技"切片后

4. 编辑切片选项

选取工具箱中"切片选取工具"，选中"02"切片("个人及家庭用户"切片块),右击选择"编辑切片选项",设置弹出对话框如图 12-12 所示。其中,"URL"表示链接的地址,"目标"表示链接是否在新窗口中打开:填写表示在新窗口打开,不填则表示在原窗口打开。

依此,根据需要,将其他导航条切片进行"编辑切片选项"。

5. 存储

单击【文件】/【存储为 Web 和设备所

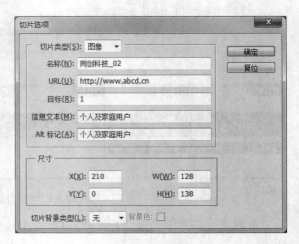

图 12-12　编辑切片选项

用格式】,在弹出对话框中选择"优化"选项卡,如图12-13,进行存储,文件名设置为"同创科技切片"。所有切片文件存储如图12-14所示。

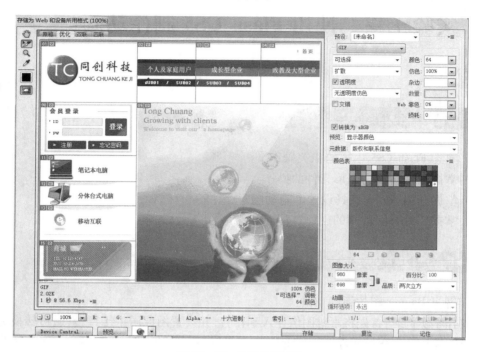

图12-13 "优化"存储

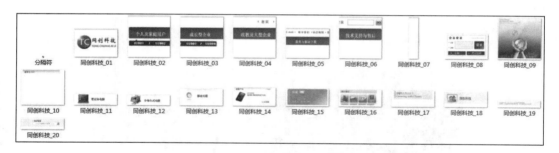

图12-14 所有切片文件

实验十三 使用 Flash CS5 制作动画(一)

一、实验目的

(1) 熟悉 Flash CS5 中帧的相关操作。
(2) 掌握图像转换为图形元件的操作。
(3) 掌握利用 Alpha 工具设置渐隐动画。
(4) 掌握传统补间动画的创建过程。

二、实验内容及要求

制作网页 Banner 图片渐隐动画。

在制作本实例时,首先将素材图像导入到舞台,并设置图像居中于舞台;通过转换为元件对话框将图像转换为图形元件,通过 Alpha 工具设置各图像的渐隐动画,图 13-1 所示为动画初步完成后的截图,最后添加星星跳动动画。本实验的素材在所配套实验素材 EX13 文件夹中。

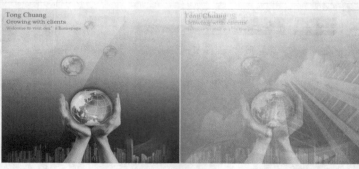

图 13-1 同创科技网站 banner 图片切换动画

三、实验步骤

运行 Flash CS5 在菜单栏执行"文件"/"新建"命令,打开"新建文档"对话框。在该对话框中的"常规"面板中,选择"Flash 文件(ActionScript3.0)"选项,如图 13-2 所示,单击"确定"按钮,退出该对话框,创建一个新的 Flash 文档。

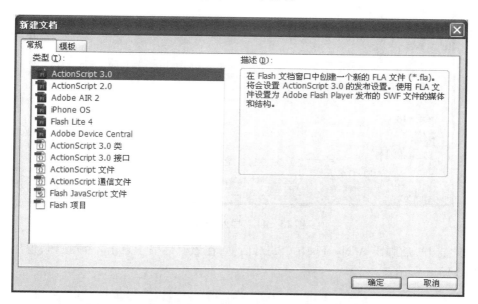

图 13-2 "新建文档"对话框

单击"属性"面板中的"属性"卷展栏内的"编辑"按钮,打开"文档属性"对话框。在"尺寸"右侧的"宽"参数栏中键入"480 像素",在"高"参数栏中键入"470 像素",设置背景颜色为白色,设置帧频为 12,标尺单位为"像素",如图 13-3 所示,单击"确定"按钮,退出该对话框。

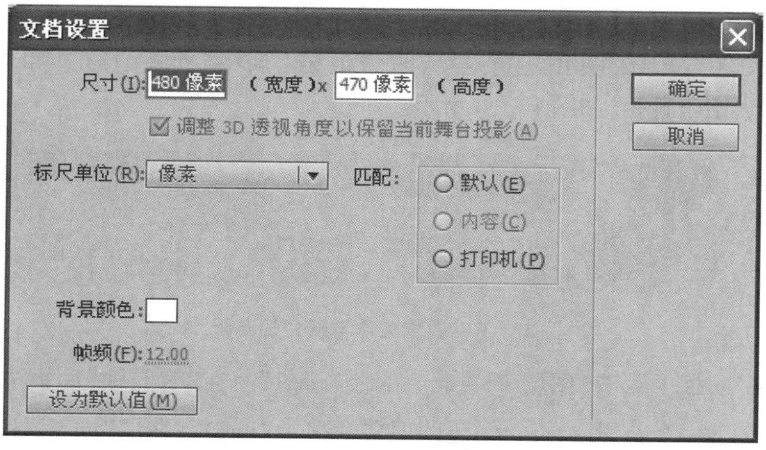

图 13-3 "文档设置"对话框

在菜单栏执行"文件"/"导入"/"导入到舞台"命令,从实验素材 EX13 中选中 1.bmp 图片,如图 13-4 所示,单击"打开"按钮,退出该对话框。

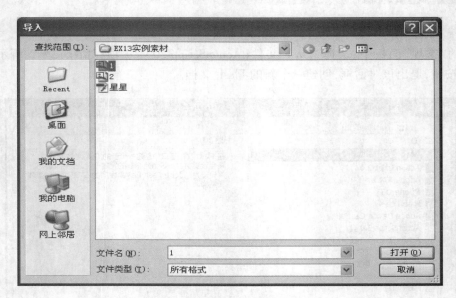

图 13-4 "导入"对话框

点击"打开"后弹出 Adobe Flash CS5 对话框,在该对话框中点击"否"按钮,退出该对话框,如图 13-5 所示。

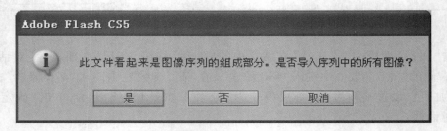

图 13-5 Adobe Flash CS5 对话框

设置导入文件与舞台的匹配:选择导入的文件,在"属性"面板中的 X 和 Y 参数栏中均键入 0,使文件居中于舞台,如图 13-6 所示。

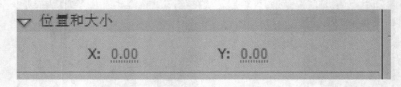

图 13-6 调整文件与舞台的匹配

在"时间轴"面板中双击"图层 1"重新命名为"img1"。在"时间轴"面板中单击"新建图层"按钮 ,创建一个新图层,将新创建的图层命名为"img2",在层"img2"中按照图 13-4 至 13-6 所示的步骤导入 2.bmp 图片,设置文件居于舞台中心。完成后的时间轴面板如 13-7

图所示。

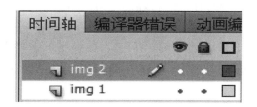

图 13-7 "时间轴"显示效果

在图层"img1"的第 20、30 帧处分别右击鼠标,在弹出式菜单中选择"插入关键帧"。

在图层"img1"中选中第 30 帧,点击菜单"修改"/"转换为原件"命令,打开"转换为原件"对话框,在"名称"文本框中键入"图 1"文本,在"类型"下拉选项栏中选择"图形"选项,如图 13-8 所示,单击"确定"按钮,退出该对话框。

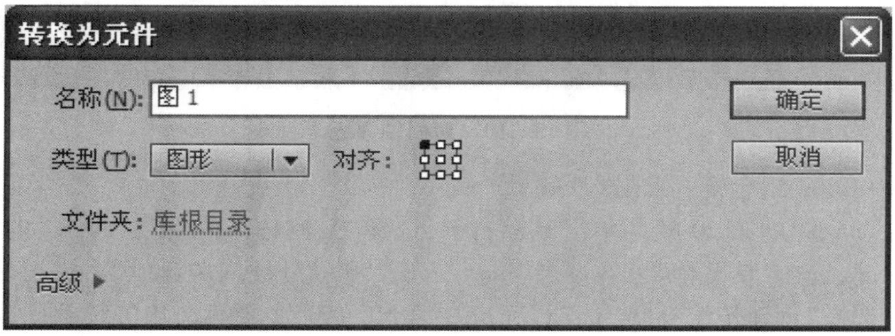

图 13-8 "转换为元件"对话框

单击鼠标左键,选中"img2"层第 1 关键帧,将其移动至第 25 帧,在第 25 帧中插入关键帧。选中第 25 帧后点击菜单"修改"/"转换为原件"命令,打开"转换为原件"对话框,在"名称"文本框中键入"图 2"文本,在"类型"下拉选项栏中选择"图形"选项。

选中图层 img1 的第 30 帧,在"色彩效果"卷展栏内的"样式"下拉选项栏中 Alpha 选项,将 Alpha 值改为 0,如图 13-9 所示。

图 13-9 设置元件 Alpha

在"时间轴"面板中右击"img1"层的第 20 帧,在弹出在弹出的快捷菜单中选择"创建传统补间"选项,确定在第 20~30 帧之间创建传统补间动画。

在"时间轴"面板中单击鼠标选择"img2"层内的第 35 帧,按下键盘上的 F6 键,将所选帧转换为关键帧。

选中图层"img2"的第 25 帧,点击菜单"修改"/"转换为原件"命令,打开"转换为原件"

对话框,在"名称"文本框中键入"图2"文本,在"类型"下拉选项栏中选择"图形"选项。

选中图层"img2"的第25帧,在"色彩效果"卷展栏内的"样式"下拉选项栏中Alpha选项,将Alpha值改为0。

在"时间轴"面板中右击"img2"层内第25帧,在弹出的快捷菜单中选择"创建传统补间"选项,确定在第25~35帧之间创建传统补间动画。以上操作完成后的"时间轴"如图13-10所示。

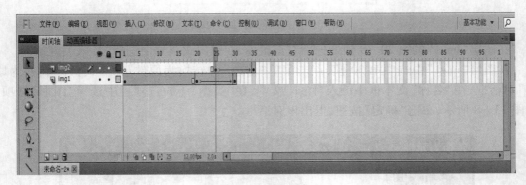

图13-10 时间轴面板1

按Ctrl+Enter组合键,测试影片效果。

在图层"img1"的第20帧处单击鼠标右键,选择"复制帧",在图层"img1"的第60帧处单击鼠标右键,选择"粘贴帧"。在图层"img1"的第50帧处插入关键帧,右击鼠标在弹出的快捷菜单中选择"创建传统补间"选项,确定在第50~60帧之间创建传统补间动画。在图层"img1"的第65帧处插入帧。在图层"img2"的第25帧处单击鼠标右键,选择"复制帧",在图层"img2"的第65帧处单击鼠标右键,选择"粘贴帧"。在图层"img2"的第55帧处插入关键帧,右击鼠标在弹出的快捷菜单中选择"创建传统补间"选项,确定在第55~65帧之间创建传统补间动画。以上各步完成后的时间轴界面如图13-11所示。

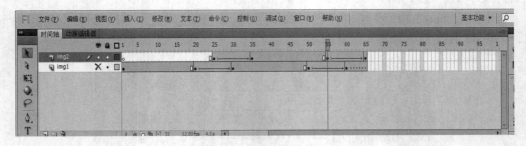

图13-11 时间轴面板2

按Ctrl+Enter组合键,测试影片效果。

在菜单执行"文件"/"导入"/"导入到舞台"命令,打开"导入"对话框。从该对话框中选择素材中的"光芒.psd"文件。

退出"导入"对话框,打开"将'光芒.psd'导入到库"对话框,在"检查要导入的Photoshop图层"显示窗中选择"图层1"选项,选择"具有可编辑图层样式的位图图像"单选按钮,如图13-12所示,单击"确定"按钮,退出对话框。

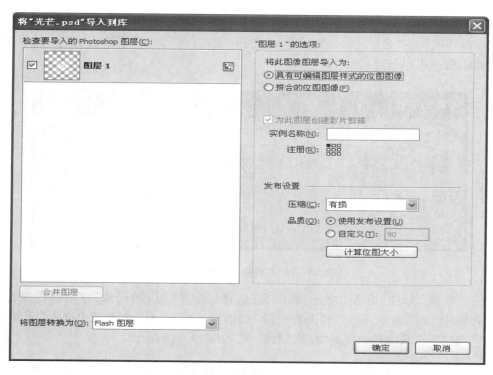

图 13－12　导入光芒

退出"将'光芒.psd'导入到库"对话框后,素材图像将导入到舞台,并自动生成新图层——"图层 1"。如图 13－13 所示。

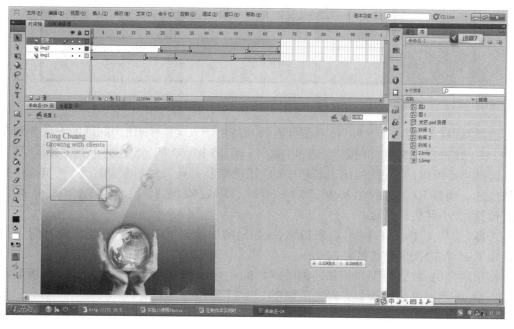

图 13－13　导入素材图像

将"图层1"的名称改为"光芒",在菜单栏执行"修改"/"转换为元件"命令,打开"转换为元件"对话框。在"名称"文本框中键入"光芒"文本,在"类型"下拉选项栏中选择"影片剪辑"对话框,如图13-14所示。

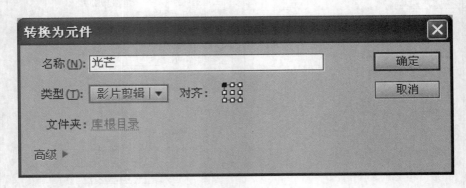

图13-14 "转换为元件"对话框

双击"光芒"元件,进入"光芒"编辑窗,选择"图层1"内的图像,在菜单栏执行"修改"/"转换为元件"命令,打开"转换为元件"对话框。在"名称"文本框中键入"元件1"文本,在"类型"下拉选项栏中选择"图形"对话框,如图13-15所示。

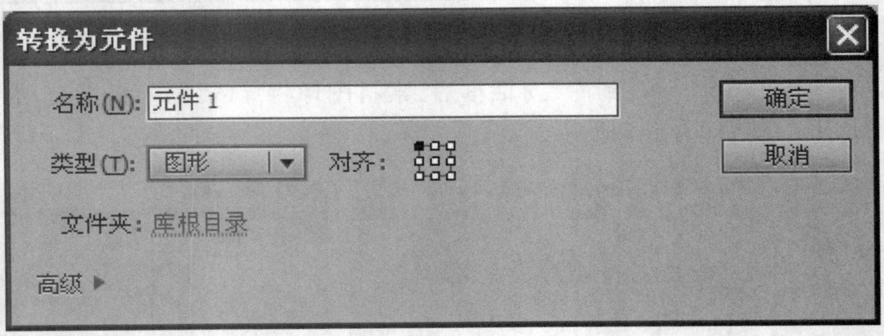

图13-15 "转换为元件"对话框

选择"图层1"内的第5帧,按下键盘上的F6键,插入关键帧,使用同样的方法分别在第10帧、15帧、20帧、25帧、30帧、35帧、40帧、45帧、55帧、60帧、65帧插入关键帧。

选择第5帧内的元件,使用工具箱中的"任意变形工具",然后参照样章,调整元件的大小和位置。调整10帧、15帧、20帧、25帧、30帧、35帧、40帧、45帧、55帧、60帧、65帧内元件的位置、大小和旋转角度。

选择"图层1"内的第1帧,右击鼠标,在弹出的快捷菜单中选择"创建传统补间"选项,确定在1~5帧之间创建传统补间动画。

使用同样的方法,分别在相邻的两关键之间创建传统补间动画,"时间轴"面板显示如图13-16所示。返回场景1界面显示如图13-17所示。

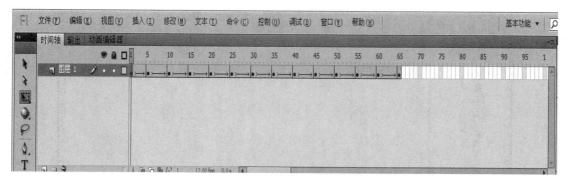

图 13-16 "时间轴"显示效果

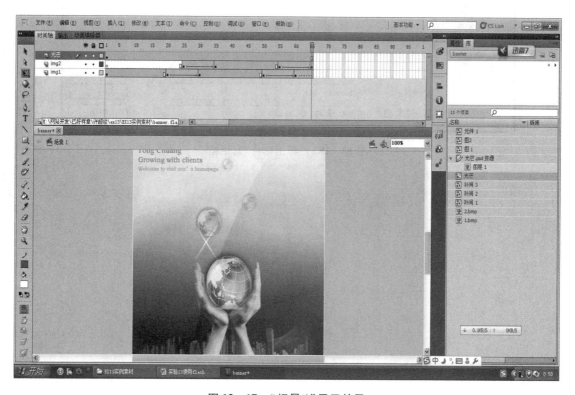

图 13-17 "场景1"显示效果

现在本实例就全部制作完成,按 Ctrl + Enter 组合键,测试影片效果,保存文件为 banner.fla。

从文件菜单中选择"导出"/"导出影片",在"导出影片"对话框中选择保存位置,文件名为 banner.swf,如图 13-18 所示。

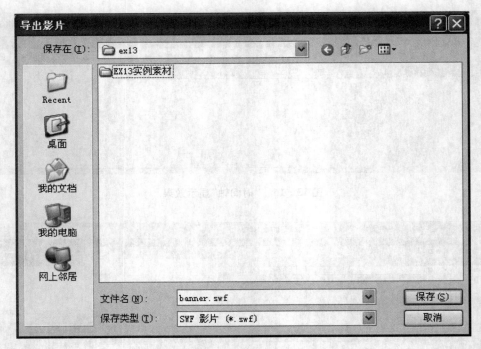

图 13-18 "导出影片"对话框

实验十四 使用 Flash CS5 制作动画(二)

一、实验目的

（1）掌握按钮元件的创建方法。
（2）掌握在 Flash 中插入声音的方法。
（3）熟悉自由变形工具的使用。
（4）掌握引导层动画的创建方法。

二、实验内容及要求

本实验包括两个 Flash 动画的制作，第 1 部分是完成 4 张电脑图片翻转展示的制作过程，第 2 部分是完成电话号码跳动与小车沿曲线运动动画的制作过程。本实验的素材在所配套实验素材 EX14 文件夹中。

三、实验步骤

1. 图片展示动画

在制作本实例时，首先导入素材图像，然后创建按钮元件，使用转换元件工具将图像转换为图形元件，使用 Alpha 工具设置元件透明度，最好使用自由变形工具水平翻转元件，使用创建传统补间工具创建传统补间动画。

（1）运行 Flash CS5，创建一个新的 Flash(ActionScript3.0)文档。

（2）单击"属性"面板中的"属性"卷展栏内的"文档属性"按钮，打开"文档属性"对话框。在"尺寸"右侧的"宽"参数栏中键入"253 像素"，在"高"参数栏中键入"107 像素"，设置背景颜色为白色，设置帧频为12，标尺单位为"像素"，如图 14-1 所示，单击"确定"按钮，退出该对话框。

（3）执行"文件"/"导入"/"导入到库"命令，打开"导入"对话框，从 EX14 文件夹——"图片展示"子文件夹中按住 Shift 键选择提供的所有素材，单击"打开"按钮，把文件导入到库中。

（4）新建按钮元件 pic1。从"插入"菜单中选择"新建元件"菜单项，弹出"创建新元件"对话框，如图 14-2 所示设置后点击"确定"。

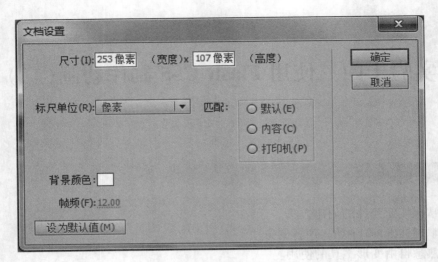

图 14-1 "文档设置"对话框

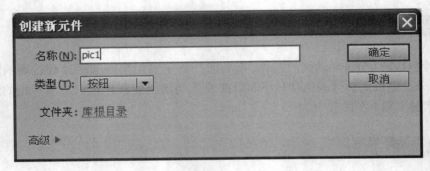

图 14-2 "创建新元件"对话框

(5) 选择"弹起"帧,将"库"面板中"pic1.png"图像拖动至"pic1"编辑框窗内,在"位置和大小"卷展览内的 X 参数栏中键入 0,在 Y 参数栏中键入 0,设置图像居中于舞台。时间轴显示效果如图 14-3 所示。

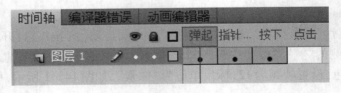

图 14-3 时间轴显示效果

(6) 按下键盘上的 F6 两次,将"弹起"帧内的复制到"指针"帧和"按下"帧内。

(7) 选择"指针"内的图像,在菜单栏执行"修改"/"转换为元件"命令,打开"转换为元件"对话框。在"名称"文本框键入"pic1 透明"文本,在"类型"下拉选项栏中选择"图形"选项,如图 14-4 所示,单击"确定"按钮,退出该对话框。

图 14-4 "转换为元件"对话框

（8）选择"pic1 透明"元件，进入"属性"面板内的"色彩效果"卷展览内的"样式"下拉选项栏中选择 Aipha 选项，在 Alpha 参数栏中键入 60%。如图 14-5 所示。

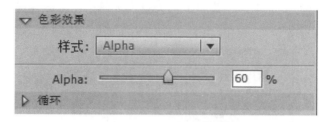

图 14-5 设置元件 Alpha

（9）选中"指针"帧，将库中的声音文件——"声音 02.wav"拖至舞台。导入成功后的时间轴如图 14-6 所示。

图 14-6 时间轴显示效果

（10）用同样的方法制作按钮元件 Pic2、Pic3、Pic4。

（11）返回场景 1，将"图层 1"改名为"bg"，将"bg.png"拖动到舞台作为背景图片，在第 60 帧处右击，插入帧。

（12）新建 4 个新图层并分别命名为"Pic1"、"Pic2"、"Pic3"、"Pic4"，分别把 Pic1、Pic2、Pic3、Pic4 四个按钮元件拖动到相应的图层。图片添加完成效果如图 14-7 所示。

图 14-7 图片添加效果

（13）分别在图层"Pic1"的第 60 帧、"Pic2"的第 5 帧和第 60 帧、"Pic3"的第 10 帧和第 60 帧、Pic1 的第 15 帧和第 60 帧插入关键帧,时间轴显示如图 14-8 所示。

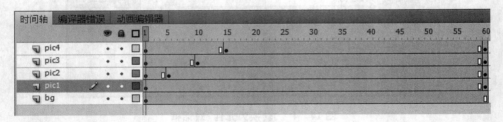

图 14-8　时间轴显示效果

（14）选中图层"Pic1"的第 60 帧,在工具箱中单击"任意变形工具"按钮,将元件左上角的中心点移动至中心位置,如图 14-9 所示。执行菜单修改 -> 变形 -> 水平翻转,将控件水平翻转,如图 14-10 所示。

图 14-9　调整中心点位置

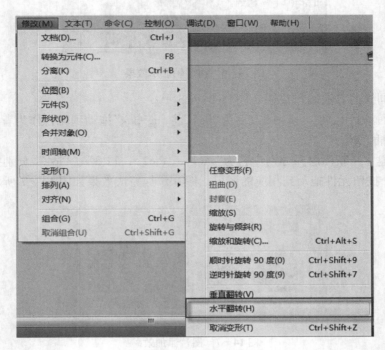

图 14-10　水平翻转菜单

(15) 用同样的方法将图层"Pic2"的第 60 帧、"Pic3"的第 60 帧、"Pic4"的第 60 帧做同样的操作,翻转前后的图片分别如图 14-11,14-12 所示。

图 14-11　翻转前图片

图 14-12　翻转后效果

(16) 在图层"Pic1"的第 1 帧、"Pic2"的第 5 帧、"Pic3"的第 10 帧、"Pic4"的第 15 帧,分别右击,插入传统补间动画,如图 14-13 所示。

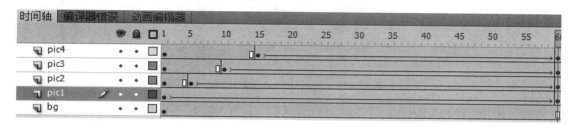

图 14-13　时间轴显示效果

(17) 现在本实例就全部完成了,按下键盘上的 Ctrl + Enter 组合键,测试影片效果。

2. 电话号码跳动与小车沿曲线运动动画

在制作本实例时,首先导入素材图像,然后输入文字,把电话号码分离,执行"任意变形"命令调整图像大小,使用创建传统补间动画创建文字大小变化动画;创建小车运动引导层,利用工具绘制运动曲线,使用创建传统补间动画创建小车运动动画。

(1) 运行 Flash CS5 在菜单栏执行"文件"/"新建"命令,打开"新建文档"对话框。在该对话框中的"常规"面板中,选择"Flash 文件(ActionScript3.0)"选项,单击"确定"按钮,退出该对话框,创建一个新的 Flash 文档。

(2) 修改文档宽度为"207 像素",高度为"86 像素"。

(3) 在菜单栏执行"文件"/"导入"/"导入到库"命令,打开"导入"对话框,从 EX15 实例素材文件夹中选择"商城"文件夹中的"背景.jpg"和"小车.png",单击"打开"按钮,退出该对话框。

(4) 将"图层 1"改名为"背景",将库中的"背景.jpg"拖动到舞台,在属性面板中如图 14-14 设置位置和大小。由于图片比较小,为方便操作可以在编辑窗口的右上角选

图 14-14　属性面板设置

择显示比例 200%，如图 14-15 所示。

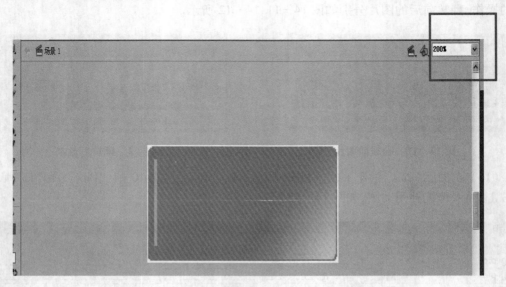

图 14-15　场景窗口中设置显示比例

（5）新建"商城"图层，选择工具箱中的"T"工具，在"商城"图层第 1 行输入文字"商城"文字，字体"仿宋_GB2312"，字号"20 点"；第 2 行输入"TEL："，字体"仿宋_GB2312"，字号"10 点"；第 3 行输入"FAX：02-234-5678"，字体"仿宋_GB2312"，字号"10 点"；第 4 行输入"MAIL TO WEBMASTER"，字体"仿宋_GB2312"，字号"10 点"；具体排列方式，可参考样张。

（6）分别在"背景"、"商城"两图层的 95 帧处插入关键帧。

（7）新建"电话号码"图层。在图层中利用"T"工具，输入"02-123-4567"，字体"仿宋_GB2312"，字号"10 点"。

（8）在"电话号码"图层中用工具栏中的"选择工具"——，选中"02-123-4567"，单击鼠标右键在弹出式菜单中选择"分离"菜单项把电话号码文字分离。

（9）在"电话号码"图层的第 10 帧、15 帧、20 帧、25 帧、30 帧、35 帧、40 帧、45 帧、50 帧、55 帧、60 帧、65 帧、70 帧、75 帧、80 帧、85 帧、90 帧、95 帧处插入关键帧。

（10）选择"电话号码"图层的第 10 帧内的图像"0"，执行弹出式菜单中的"任意变形"命令，用鼠标把字拉长，如图 14-16 所示。

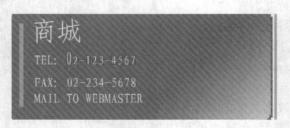

图 14-16　电话号码数字的变形

（11）按照同样的方法，在第 15 帧上把数字"2"拉长，在 20 帧上把数字"1"拉长，在 25

帧上把数字"2"拉长,在30帧上把数字"3"拉长,在35帧上把数字"4"拉长,在40帧上把数字"5"拉长,在45帧上把数字"6"拉长,在50帧上把数字"7"拉长,55帧上把数字"0"拉长,在60帧上把数字"2"拉长,在65帧上把数字"1"拉长,在70帧上把数字"2"拉长,在75帧上把数字"3"拉长,在80帧上把数字"4"拉长,在85帧上把数字"5"拉长,在90帧上把数字"6"拉长,在95帧上把数字"7"拉长。(把字拉大的过程中,注意别覆盖相邻的数字号码)

(12) 按下 Ctrl + Enter 组合键,测试影片效果。

(13) 保存文件为"商城.fla"。继续在"商城.fla"文件中进行以下操作。

(14) 在时间轴面板中添加图层"小车",从库面板中拖动"小车.png"至场景,在"属性"面板中调整它的大小为宽"28像素",高"28像素"。

(15) 在时间轴面板中右击图层"小车",在弹出式菜单中选择"添加传统运动引导层"。

(16) 勾选"视图"菜单下的"标尺"菜单项,调出"标尺"工具。

(17) 选择图层"引导层",利用铅笔工具,大约在 X:100 Y:0 到 X:192 Y:10 画一条变化幅度较小的曲线,如图 14-17 所示。在"引导层"的第 95 帧处插入帧。

图 14-17 引导层曲线图

(18) 选择"小车"层第 1 帧,用工具箱中的 ![] 工具,把小车移至引导曲线的终点处,如图 14-18 所示。

图 14-18 小车吸附到曲线终点

(19) 复制"小车"层第 1 帧,分别在第 45 帧、50 帧、95 帧处粘贴。

(20) 在"小车"层第 20 帧处插入关键帧,用工具箱中的 ![] 工具,把小车移至引导曲线的起点处,如图 14-19 所示。

图 14-19 小车吸附到曲线起点

(21) 复制"小车"层第 20 帧,分别在第 25 帧、70 帧、75 帧处粘贴。

(22) 在小车"层的 1—20 帧、25—45 帧、50—70 帧、50—70 帧、75—95 帧之间创建传统补间动画,时间轴面板显示如图 14-20 所示。

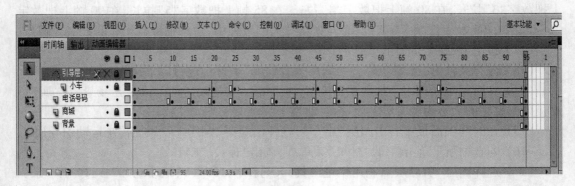

图 14-20 时间轴显示效果

(23) 按下 Ctrl + Enter 组合键,测试影片效果。

(24) 从文件菜单中选择"导出"/"导出影片",在"导出影片"对话框中选择保存位置,保存文件名为 banner.swf。

实验十五　制作网站留言板

一、实验目的

（1）掌握数据库建立方法。
（2）掌握网页中连接数据库的方法。
（3）掌握网页取得数据库数据的方法。
（4）掌握记录集绑定的方法。
（5）掌握动态表格的使用。

二、实验内容及要求

留言板是网站与用户交流沟通的方式之一，本实验主要设计简易留言板，实现用户留言的功能，用户可以查看所有留言内容，同时可以在线签写留言。

参照样页（见图 15-1），根据要求制作网页。本实验的素材在所配套实验素材 EX15 文件夹中。

图 15-1　参照样张

三、实验步骤

1. 设计数据库

启动 Access2010,执行【文件】/【新建】命令,选择创建一个"空数据库",将新建的数据库保存为 message.mdb,保存在"EX15"文件夹下,如图 15-2 所示。双击"使用设计器创建表"选项,打开表设计窗口,如图 15-3 所示。

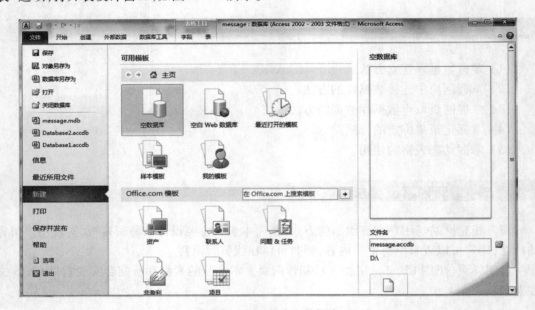

图 15-2 创建空白数据库

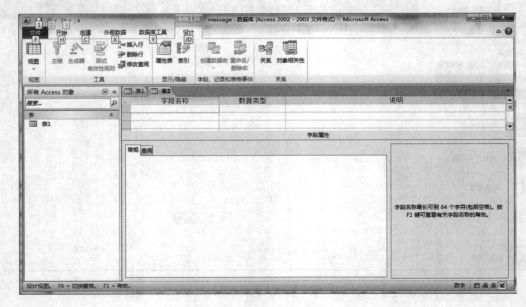

图 15-3 表设计窗口

在字段名称和数据类型中输入相应的字段,如图 15-4 所示。选择 ID 字段,单击鼠标右键,在弹出的菜单中选择【主键】命令,将其设置为主键。

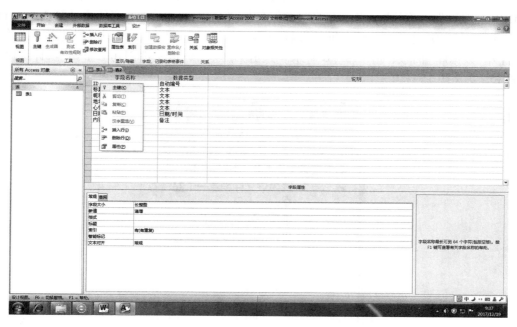

图 15-4　设计数据库表

单击【保存】按钮,弹出"另存为"对话框,在"表名称"文本框中输入 message。单击【确定】按钮,完成数据表的设计,关闭该设计视图,双击 message 数据表打开,如图 15-5 所示。

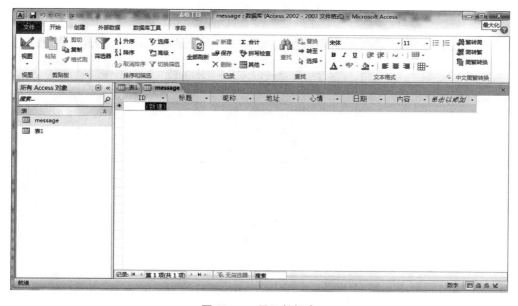

图 15-5　显示数据表

2. 建立数据库连接

建立 ODBC 连接,实际就是创建同数据源的连接,也就是创建 DSN。一旦创建了与数据库的 ODBC 连接,那么该数据库连接信息将被保存在 DSN 中,程序的运行必须通过 DSN 来进行。

启动 VS2010,打开本实验提供的素材 message_list.asp,执行【窗口】/【数据库】菜单命令,打开"数据库"面板,如图 15-6 所示。点击"站点",为该文件创建一个站点,详细设置如图 15-7 至图 15-10 所示。

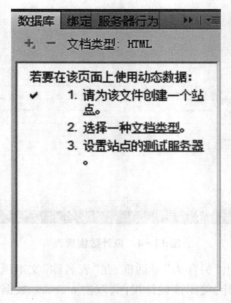

图 15-6 "数据库"面板

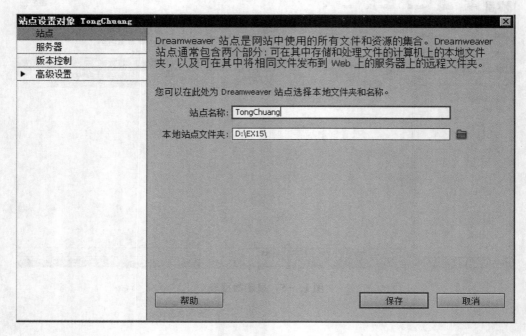

图 15-7 站点设置

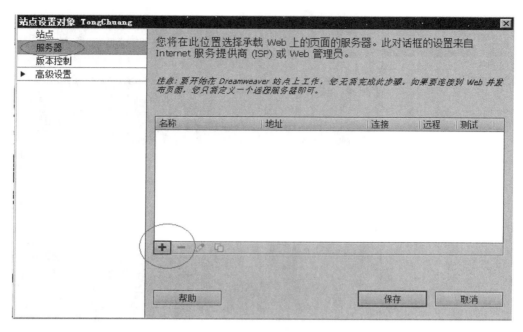

图 15-8 站点服务器设置

使用实验一的知识在本机 IIS 里配置 EX15 提供的素材网站为默认网站(这一步很重要),以方便测试。使用 http://localhost/可以对网站进行访问。

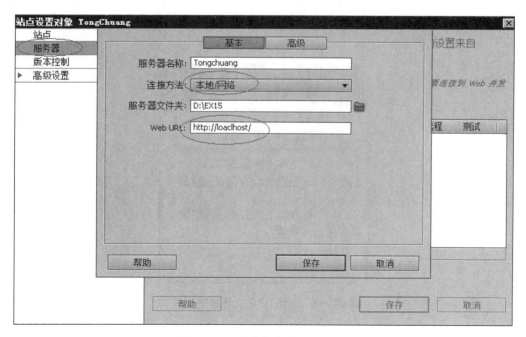

图 15-9 站点服务器详细设置

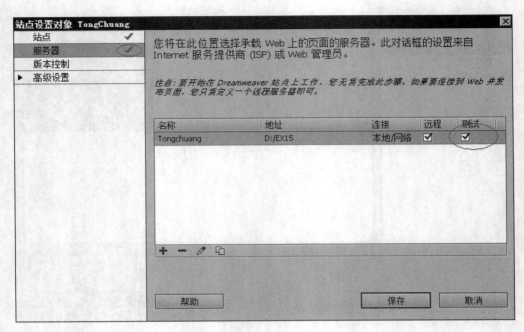

图 15-10　将测试选项打勾

单击"数据库"面板上的【加号】按钮，在弹出的菜单中选择【自定义连接字符串】命令，如图 15-11 所示。弹出"自定义连接字符串"对话框,参数设置如图 15-12 所示。单击"确定"按钮,完成"自定义连接字符串"对话框设置,"数据库"面板会显示出创建的数据库连接,如图 15-13 所示。

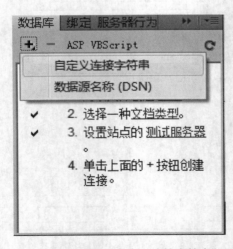

图 15-11　选择"自定义连接字符串"

图 15-12　测试"自定义连接字符串"

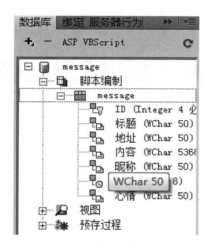

图 15-13　显示创建的数据库连接

3. 制作留言列表页面

在 VS2010 中打开 message_list.asp 页面,执行【窗口】/【绑定】命令,打开"绑定"面板,如图 15-14 所示。单击"绑定"面板上的【加号】按钮 ，在弹出的菜单中选择【记录集（查询）】命令,如图 15-15 所示。

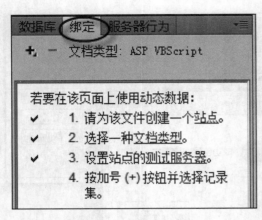
图 15-14 "绑定"面板

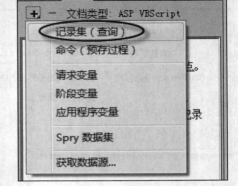
图 15-15 选择"记录集(查询)"

弹出"记录集"对话框,在"连接"下拉列表中选择 message,在"列"选项中选择"选定的"单选按钮,在对应的下拉列表框中按住 Ctrl 键选择"ID"、"标题"和"日期",在"排序"选项中选择"ID"按"降序"排序,如图 15-16 所示,单击【确定】按钮,创建记录集,如图 15-17 所示。

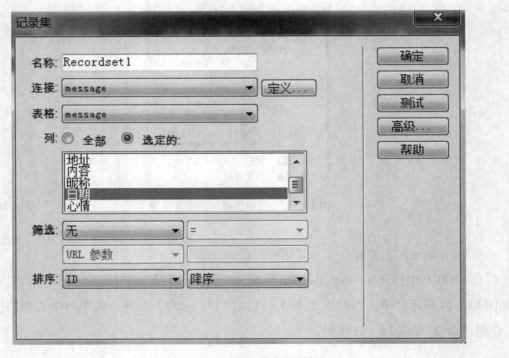
图 15-16 设置"记录集"对话框

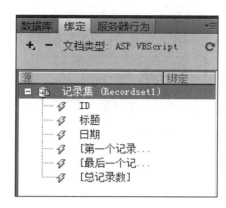

图 15-17 创建记录集

在 message_list.asp 中插入 3 个表格,第一个表格为 1 行 2 列,表格宽度 700px,并在表格内输入"公司留言 1","2011 年 3 月 30 日"。第 2 个表格为 1 行 1 列,宽度 700px,并输入"暂时还没有留言内容,赶快添加吧!",居中对齐。第 3 个表格为 1 行 1 列,宽度为 700px,在其中插入 images 文件夹下的 liuyan_add.gif 图片,图片右对齐。插入后的表格效果如图 15-18 所示。

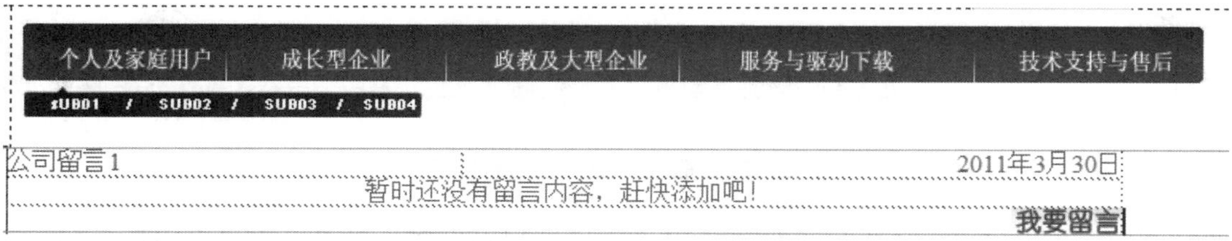

图 15-18 页面插入 3 个表格

选中第一个表格,如图 15-19 所示。单击"服务器行为"面板上的【加号】按钮,在弹出的菜单中选择【显示区域】/【如果记录集不为空则显示区域】命令,将该表格设置为"如果记录集不为空显示区域"。将"公司留言 1"文字所在单元格中的内容删除,打开"绑定"面板,选中记录集中的"标题"字段,如图 15-20 所示。

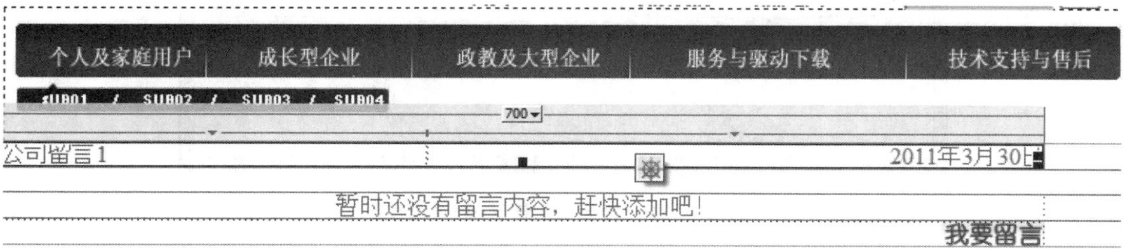

图 15-19 选中第一个表格

图 15-20 选中"标题"字段

单击【插入】按钮 在该单元格中插入"标题"字段,显示为一个 ASP 图标。使用相同的制作方法,将日期文字删除,在该单元格中插入"日期"字段,如图 15-21 所示。

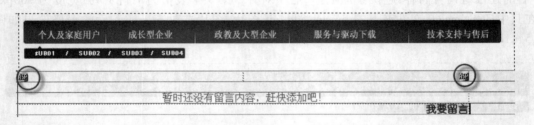

图 15-21 插入"标题"、"日期"字段

选中表格1,单击"服务器行为"面板上的【加号】按钮 ,在弹出的菜单中选择"重复区域"选项,弹出"重复区域"对话框,参数设置如图 15-22 所示。

图 15-22 设置"重复区域"对话框

单击【确定】按钮,完成"重复区域"对话框的设置。选中插入到页面中的"标题"ASP 图标,单击"服务器行为"面板上的【加号】按钮 ,在弹出的菜单中选择"转到详细页面"选项,弹出"转到详细页面"对话框,参数设置如图 15-23 所示。

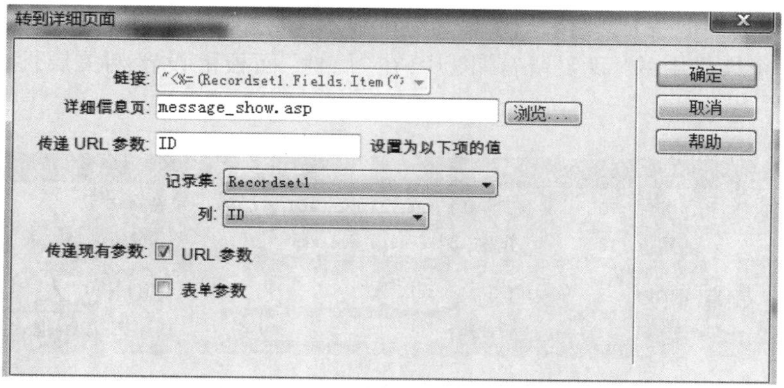

图 15-23 "转到详细页面"参数设置

选中第 2 个表格,执行【窗口】/【服务器行为】命令,打开"服务器行为"面板,如图 15-24 所示。单击"服务器行为"面板上的【加号】按钮 ,在弹出的菜单中选择【显示区域】/【如果记录集为空则显示区域】命令,如图 15-25 所示。选中后则弹出"如果记录集为空则显示区域"对话框,如图 15-26 所示。

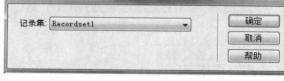

图 15-24 "服务器行为"面板　　图 15-26 "如果记录集为空则显示区域"对话框

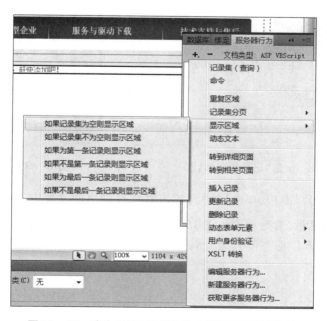

图 15-25 选中"如果记录集为空则显示区域"菜单

单击【确定】按钮,完成"如果记录集为空则显示区域"对话框的设置。

选中第 3 个表格中的"我要留言"图片,在"属性"面板上设置相关属性,如图 15-27 所示。

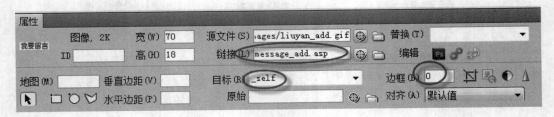

图 15-27 "我要留言"图片属性设置

完成留言列表页面 message_list.asp 的制作,按【F12】在浏览器中预览页面。

4. 制作添加留言页面

(1) 打开本实验提供的素材 message_add.asp,打开"绑定"面板,单击【加号】按钮  ,在弹出的菜单中选择【记录集(查询)】命令,弹出"记录集"对话框,参数设置如图 15-28 所示。单击【确定】按钮,完成"记录集"对话框的设置,绑定记录集,如图 15-29 所示。

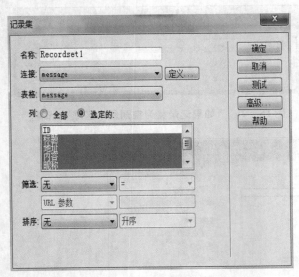

图 15-28 设置"记录集"对话框

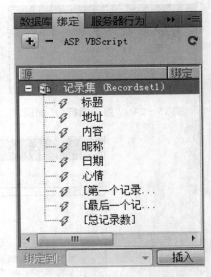

图 15-29 绑定记录集

打开"服务器行为"面板,单击【加号】按钮 ,在弹出的菜单中选择【插入记录】命令,弹出"插入记录"对话框,参数设置如图 15-30 所示。单击【确定】按钮,完成"插入记录"对话框的设置,插入记录,"服务器行为"面板如图 15-31 所示。

图 15-30 设置"插入记录"对话框

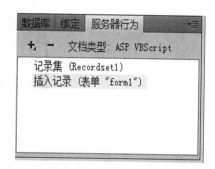

图 15-31 "服务器行为"面板

完成添加留言页面 message_add.asp 的制作,按【F12】在浏览器中预览页面。

5. 制作留言详细信息页面

打开本实验提供的素材 message_show.asp,打开"绑定"面板,单击【加号】按钮 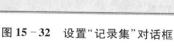,在弹出的菜单中选择【记录集(查询)】命令,弹出"记录集"对话框,参数设置如图 15-32 所示。单击【确定】按钮,完成"记录集"对话框的设置,绑定记录集,如图 15-33 所示。

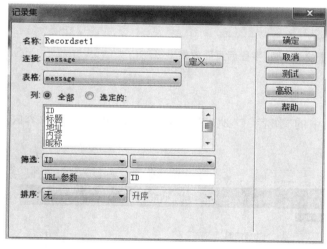

图 15-32 设置"记录集"对话框

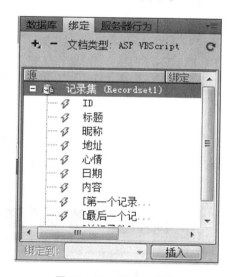

图 15-33 绑定记录集

光标进入"查看留言"下一行表格,在"绑定"面板中选中"标题"字段,单【插入】按钮,如图 15-34 所示。将"标题"字段插入到页面中的相应的位置,如图 15-35 所示。

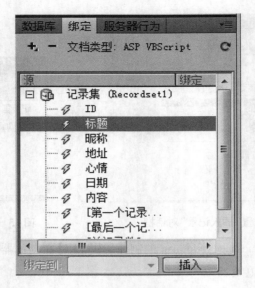

图 15－34　插入"标题"字段

图 15－35　插入"标题"字段后页面效果

使用相同的制作方法,分别在页面中的"作者"、"地址"、"留言时间"以及正文内容区域插入相应的字段,如图 15－36 所示。

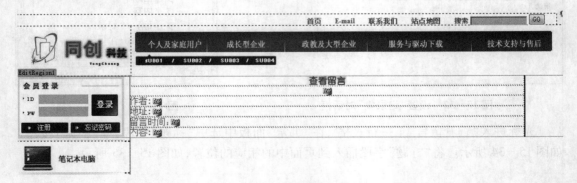

图 15－36　留言查看页面设计

完成留言查看页面 message_add.asp 的制作,按【F12】在浏览器中预览页面。